Art / Fashion in the 21st Century

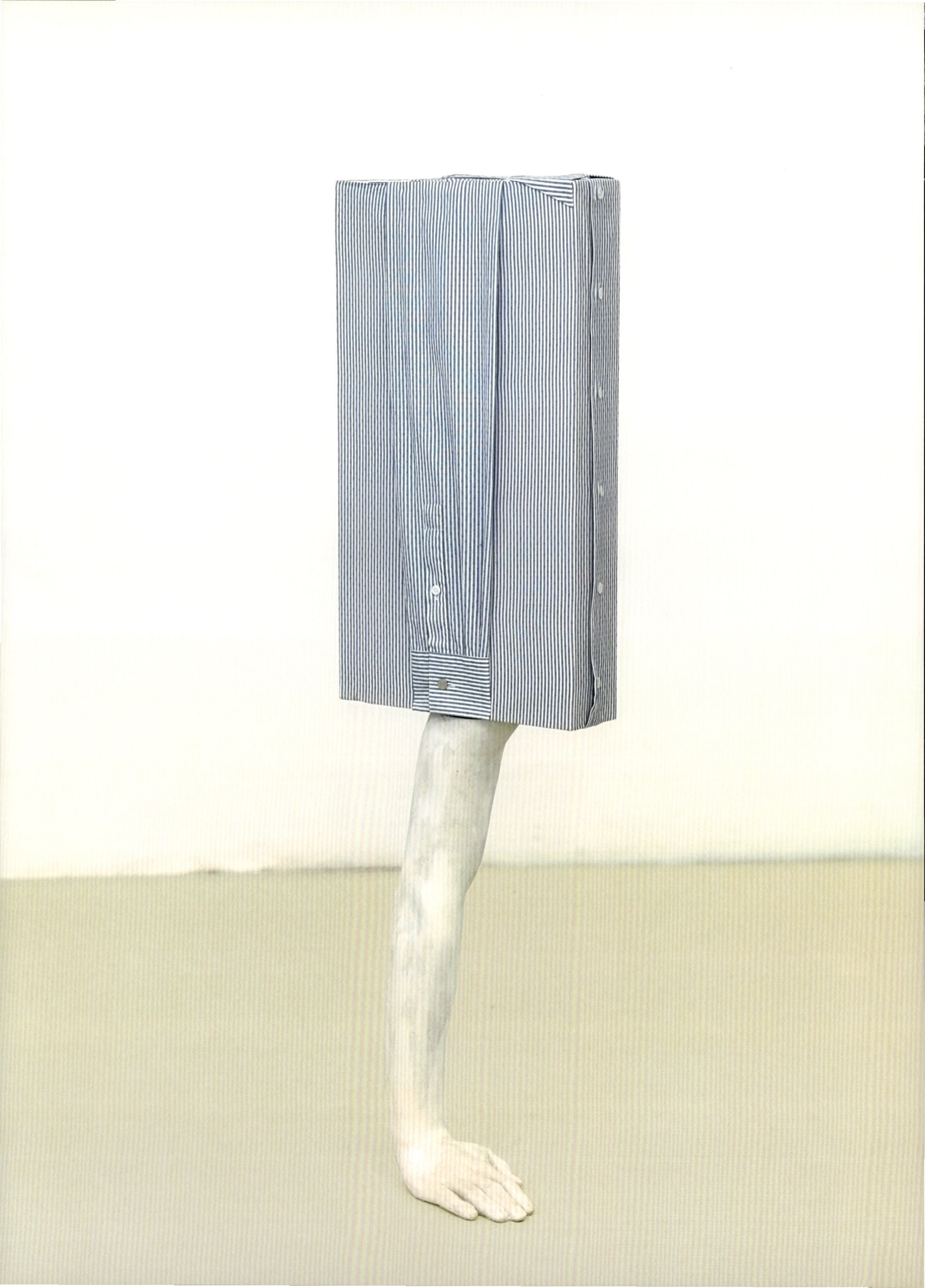

21世紀の創造と融合

アート/ファッションの芸術家たち

著者
ミッチェル・オークリー・スミス
アリソン・クーブラー

翻訳者
武田 裕子

序文
ダフネ・ギネス

Shek O Headland Road
石澳山仔路
12

Contents

ビジュアル撮影の超越：新たなファッションメディア

ブティックからギャラリーへ：ファッション×アート×建築

2ページ：エルヴィン・ヴルムがエルメスのために制作した彫刻
“Untitled（無題）”シリーズ、2008年

4-5ページ：クエンティン・シーの写真シリーズ“Hong Kong Moment
（香港でのひとときき）”より“No.02”、クリスチャン・ディオール2010年

＜序文＞
ファッションはアートか

アートとファッションのつながりが今、かつてないほどに顕著だ。私はこう思う。現代のトップデザイナーは紛れもなく芸術家であり、たまたま選んだ道具が絵の具や粘土ではなく布地だっただけなのだと。ただし、彼らが自身を「芸術家」と見なすか否かはまったく別の問題である。画家のフランシス・ベーコンは、こう語った。「ファッションとは単に、生きた形で社会交流のなかに芸術を生み出そうとする試みだ」。私にとって服をまとうことは、自分の役割を演じること、自分らしさの一面を探ること、つまり自画像を描くのと同じである。もっとも、「芸術の創造」と完璧なドレスのカッティングとは無関係だと主張し、ファッションはアートとして承認される必要などないと唱えるデザイナーもいる。

アートとファッションという２つのアイデンティティ、この問題は長きにわたってデザイナーたちを大別してきた。たとえばカール・ラガーフェルドやジャンポール・ゴルチエは、服飾デザイナーであって芸術家ではないとの確固たる姿勢を貫いている。彼らにとって唯一の目的は着用可能《ウェアラブル》な服をつくることだ。一方でエルザ・スキャパレリの視点はまったく異なる。その思想の根底にあるのは、ファッションを芸術と見なすべきだという哲学だ。両者をまさに融合させたのがアレキサンダー・マックイーンである。彼のショーはかつて目にしたことのない「スペクタクル」だった。美しい、ただそれだけではない。衝撃、挑発、そして脳裏に焼きつく光景。今では多くの人がパフォーマンスアートと呼ぶマックイーンのショーは、私にとって自己を見つめ直す場であり、自分もパフォーマンスの一部であるかのような錯覚を覚える場だった。観客に自分自身と対峙させる手法をマックイーンは幾度となく試みたが、文字どおりの体験となったのが2001年春夏の「VOSS」コレクションだ。私たちはショーの開始まで２時間近く（開始時間の遅れも意図的だ）、四角い鏡の箱に映る自らの姿と気まずい思いで向き合わされたのだ。ショーのフィナーレでは箱の側面が倒れて粉々になり、現れ出たのは仮面のほかは一糸まとわぬ姿で横たわるミッシェル・オーリーと裸体に群がる蛾――テートギャラリーで私が目にしたもっとも衝撃的な光景だった。

イマヌエル・カントは、「ファッションは虚栄という名のもとにある。なぜならその意図において、内的価値など存在しないからだ」と主張した。カントにとってアートとファッションの境界線は明確だ。高尚なる芸術と軽佻浮薄なファッションとのあいだに架け橋など存在しなかった。だが時代は変わり、こうした考えを見直そうとの試みは容認あるいは推奨されるまでになった。美術館での服飾展示の機会は増し、デザイナーの地位は芸術家のそれに近づきつつある。ファッションは文化的な時代精神を映し出す自己表現の形だ。アートとファッションは今後も肩を並べ、影響を与え合い、協調しながら発展を続けるだろう。どちらも時代の緊張と気運と風潮を映す鏡となる。重要なのは、アートと解釈されるべく作品をつくるか否かではなく、手がけたデザイナーが芸術家の称号に値するか否かだ。本書では、（本人が好むと好まざるとにかかわらず）そう呼ばれるにふさわしいとされるデザイナーの作品を称え紹介している。

ダフネ・ギネス

次ページ：フィリップ・トレイシーによるヘッドピース、
アレキサンダー・マックイーン2008年春夏

＜イントロダクション＞
アートとの融合

スノードン卿(アントニー・アームストロング=ジョーンズ)が
1980年に撮影したイヴ・サンローラン。アクネ・ストゥディオズ刊行の
写真集『Snowdon Blue』で再現されたシリーズ、2012年

21世紀を迎え、グローバルファッションの世界はアイディアやインスピレーションを求めていっそう熱い視線をアート業界に向けている。高級ブランドのなかには、芸術支援のための財団設立や、本業のファッションとは別に美術イベントや展覧会への資金提供といった慈善的取り組みを通じて、アーティストとの関係を構築しようという動きが見られる。アートを自社のファッションアイテムに直接組み込んだり、アーティスト個人とのコラボレーションを行ったりするブランドもある。こうしたアートとファッションの連携は、長年の議論を白熱化、複雑化させている。すなわち、ファッションとは実はアートなのか、両者は互いの存在なくしては語れないほどの関係になったのか、という命題である。さらに21世紀の幕開けには、現代的なアートギャラリーや伝統ある美術館という神聖な箱のなかで大規模なモード展が開催され、来場者数記録はことごとく塗り替えられた。こうして、アートの文脈におけるファッションの役割と位置づけをめぐる議論はさらに活発化している。

この話題はアートとファッション双方の業界でしばしば取りざたされているが、今日のファッションのあり方を変えた具体的なプロジェクトの数々を系統的に検証した例は見当たらない。したがって本書では、21世紀以降、現代ファッションのこの側面に切り込んだきわめて重要なアーティスト、デザイナー、ファッションブランド、そして美術館によるクリエイションの事例をまとめ、その理論的重要性を問いかけていく。

アートとファッションの関係性を語るうえでまず認識すべきは、当然ながらすべてのアートが最高級の芸術品ではないということだ。同様に、すべてのファッションが最先端のモードでもない。いずれの世界にも「高級と大衆《ハイ&ロー》」と呼ばれる昔ながらのヒエラルキーが存在した。だがアートとファッションをめぐる議論は、こうした旧来のヒエラルキーが今や崩壊寸前だという事実を踏まえたうえで、両者の境界を再定義することにもなるだろう。大衆《ロー》ファッションはオートクチュールに影響を及ぼしたし、1950年代後半にはアンディ・ウォーホルがスーパーに並ぶ商品を資産価値のある美術館収蔵品に昇華させ、(先人のマルセル・デュシャンと同様に)高級芸術の概念に一石を投じた。

これら歴史的ムーブメントの検証は、アートとファッションが「どのように」、さらには「なぜ」互いの利益を求めて共犯関係となり、創作活動をともに行うに至ったのか、その理解を深める助けとなるだろう。

一見したところ、概念的にアートとファッションは対極にある。一般に理解されているファッションとは、移り気ではかなく、大衆文化に突き動かされるものだ。これに対してアートといえば、永遠、重

「今日、人がどう装うかは
ある種の芸術表現だと私は思う。
たとえばサンローランは
すばらしい芸術作品を創造した。
アートは服全体を仕立てる
プロセスに宿る。
たとえばジャンポール・ゴルチエ。
彼の仕事はまさに芸術だ」

アンディ・ウォーホル[1]

クエンティン・シーの写真シリーズ
“Hong Kong Moment（香港でのひととき）”より
“No.08”、クリスチャン・ディオール2010年

厚、高尚というイメージがある。歴史的に、アートは高貴で知的な営みとあがめられ、対するファッションはあくまでも商業目的の表現形態と見なされてきた。ファッションよりもアートが格上だと唱えるもうひとつの歴史的論拠は、そもそも複製を前提とするファッションと違ってアートには「オリジナル」の概念がある、の主張だ。この考えをもっとも簡潔に表しているのが、マルクス主義の思想家ヴァルター・ベンヤミンが1936年に執筆した論考『複製技術時代の芸術作品』だろう。同書でベンヤミンは複製に対するオリジナルの優位性について述べている。

「どれほど完成度の高い複製の場合でも、そこにはひとつの要素が欠落している。それは“今”“ここに”あるという、それが存在する場所と結びついた、芸術作品特有の一回性である。芸術作品は、この一回限りの存在によって歴史を持ち、作品が存続するあいだ歴史の支配をまぬがれることはない。時の流れのなかで作品がこうむる物質的構造の変化や所有関係の変遷も、この歴史の一部だ。オリジナルが“今”“ここに”あるからこそ、真正性という概念が形づくられる」[2]

ベンヤミンの論考によれば、オリジナルに備わる「アウラ」（芸術を芸術たらしめる無形の性質）の権威は、複製という行為によって消失する。この主張は時宜を得ていて興味深い。なぜなら「ファスト化」された現代消費社会において、まさに失われつつあると思われるのが真正性という概念だからだ。だが同じ論理で、オートクチュール（顧客の身体に合わせて手仕事で仕立てられる服）もまた制作の一回性という意味で芸術作品と同等の社会的地位を得るべきだろう。部数限定の版画と同様に、オートクチュールも一点ずつ登録番号を付され管理される。したがってオートクチュールは、工場量産品やデザイナーのプレタポルテ（高級既製服）コレクションとさえも一線を画している。それらはベンヤミンいわく、本物の持つアウラを失い、芸術と見なされることがないからだ。

プレタポルテや流行の「ファスト」ファッションとは対照的に、オートクチュールに実用性はない。身体を覆うという本来の機能を果たすための衣服ではないのだ。オートクチュールといえば、空想の飛躍、豪奢さ、舞台芸術ばりのランウェイショーと法外な価格を連想しがちだ。けれどもその魅力は、オートクチュールならではの装飾性だけでなく、縫製も裁断も「手仕事」で行う、ものづくりのプロセスにもある。オートクチュールは卓越した職人技の結集だ。もっと突き詰めていえば、人の触覚を喜ばせる、つまり人間が心の

アズディン・アライア2011年秋冬
オートクチュールコレクションのドレス
「21世紀のアズディン・アライア展」
2011年オランダ・フローニンゲン美術館

ユルゲン・テラーが撮影した女優ダコタ・ファニング。
マーク・ジェイコブス2007年春夏

奥底から求める感覚を満たしてくれる衣服である。つくり手と着る側の双方が「触れる」という感覚を研ぎ澄ませ、そうして着る人の身体を象《かたど》るようにあつらえた服、それがオートクチュールだ。1960年代のプレタポルテ台頭以降、オートクチュールの衰退が叫ばれている。だがオートクチュールは、金融破綻や、常に向けられる妥当性を問う声などの逆風に遭いながら、規模を縮小しつつ高価格のまま展開し続けてきた。こと「妥当性」に関していえば、その問い自体が的はずれだ。というのもプレタポルテの登場以来、そもそもオートクチュールに真の妥当性が存在した、すなわち実用機能を満たしたことなどあっただろうか。この点でアートとクチュールにはおおいに共通点がある。両者が存在するのは、それが可能だからであって実用性を満たすためではない。

ファッション業界を貫く、とりわけプレタポルテや大衆ブランドにありがちな商業主義が、ファッション全般とアートとのあいだに境界線を引いている。この背景には、芸術は営利主義とは無縁だという昔ながらの理想論がある。だがこれは甘い幻想に過ぎない。21世紀の今、アートはほかの物品となんら変わらず商品と捉えられ、しばしば投資の対象として売買される。ダミアン・ハーストやジェフ・クーンズといった大物（ファッション業界でいうAリストの）現代アーティストは存命中に巨万の富を手にし、その作品は流通市場に再三出まわっている。そのうえ多くの芸術家がアートによる利潤追求という考えに気づき、商業主義的なものづくりを始めている。そうして私利私欲を満たす手段に留まらず、アートは資本主義モデルにすっかり組み込まれていった。今やラグジュアリーなステイタスシンボルという立場を享受し、靴やバッグ、ヨット、腕時計と並ぶ欲望の対象、つまりアラン・ド・ボトンが述べた「ステイタス不安」の主題となっている。もっと平たくいえば、アートはファッションと同様に大衆化したのだ。高価な現代アートのコレクターは高価な現代ファッションに身を包む。この2つのジャンルには共通の支持者が存在するため、別の分野を含めた包括的な現代カルチャーの枠組みのなかで、両者は境界線をあいまいにしつつ歩調を合わせているように見える。

100年前と比較するとファッションとアートはともに広く大衆化し、多種多様な媒体を通じた広がりを見せている。ただし両者の交流は今に始まったことではない。1920-30年代には、イタリア人デザイナーのエルザ・スキャパレリがジャン・コクトーやサルバドール・ダリなどのシュルレアリストたちと手を携えていた。1960年代には、フランス人デザイナーのイヴ・サンローランが、ピエト・モンドリアンの有名なカラーブロックをキャンバスに、きわめて平面

ファッションとは
移り気ではかなく、
大衆文化に突き動かされるものだ。
一方でアートといえば、
永遠、重厚、高尚というイメージがある。
歴史的に、アートは高貴で
知的な営みとあがめられ、
対するファッションは
あくまでも商業目的の表現形態と
見なされてきた。

次ページ：デザイナーのニコラス・カークウッドと
アーティストのサイモン・ペリトンの共作
“Dissecting Waltz（不ぞろいのワルツ）”。
「ブリテン・クリエイツ 2012：ファッション+アート」展
ロンドン・ヴィクトリア&アルバート博物館

上：ヴィクター&ロルフのランウェイショー、
2009年秋冬パリ

的なボックス型の当時として斬新なシフトドレスを発表した（1965年春夏）。後にサンローランは、トム・ウェッセルマン、ジャン・コクトー、フィンセント・ファン・ゴッホ、パブロ・ピカソなどの芸術家にオマージュをささげたが、彼の偉業はアートをそのまま取り入れるのではなく、見事なまでに人の身体に合わせて表現した点にある。現在ではエルメスやルイ・ヴィトン、バリーなどの老舗メゾンがアーティストと手を組み、既存顧客に向けてブランドを刷新すると同時に、現代の文脈に即して新規顧客層をも取り込んでいる。たとえば、日本のポップアーティスト、村上隆のアニメ風キャラクターを、ルイ・ヴィトン・ブランドの真髄として堅持されてきた有名なロゴ、モノグラムにプリントしたところ、アートを追求する先進性とともに、同社として最大級の商業的成功という結果をもたらした。ルイ・ヴィトンのような歴史あるブランドは、想定内のリスクを背負って現状の壁を打破しつつ、トレンドセッターの座を堅持することで文化的成熟ブランドの地位に就く。現代アートとの連携によってファッションはそれ自体に不在だった批評性を得る。文化や経済に精通した文字どおり物知り顔の買い手がファッションについて語り、買い物客を収集家にしていくからだ。

ファッションビジネスにおいてコラボレーションは今や高級ブランドの常套手段であり、アーティストの手つかずのシャツやバッグや靴を買うことはほぼ不可能となった。ブランド側がアイコン商品の刷新をアーティストに依頼したり、場合によっては単に既存のアートデザインを買い取ってアイコン商品にのせたりといったコラボレー

エルヴィン・ヴルムがエルメスのために制作した彫刻
"Untitled (無題)" シリーズ、2008年

オラフ・ブルーニングとグラエム・フィドラー、
マイケル・ヘルツが共同でデザインを手がけたバッグ、
バリーラブ#2、2012年

ションの形態は、2001年にルイ・ヴィトンのチーフデザイナー、マーク・ジェイコブスがスティーブン・スプラウスとともに先鞭をつけて以来、今や市場にあふれている。こうした成功を受け、アーティストとの提携はストリートファッションの量販ブランドでも採用された。その結果、量産品からも独自の商品が生まれている。ハンドバッグやスカーフ、靴などのアイテムにはアーティスト自身のデザインに限らずその名が刻まれ、多くの場合、知的所有権はやはりアーティスト本人に属する。このため、アーティストとファッションブランドの連携は本当に「アート」の創造といえるのか、との疑問の声が上がっている。ポスト・ポストモダンの、つまりポスト美術史批評の文脈では、ベンヤミンのいう「アウラ」はコンセプト自体に宿り、したがって実際のアート制作とはオリジナルのアイディアの具現化にほかならない。この観点からすれば、コラボ商品には――大量に複製されたバッグやドレスにしても――オリジナルのアート作品の「アウラ」が宿っている。ルイ・ヴィトンとのコラボレーションでは、村上はブランドのために手がけた絵画や彫刻を後に自身の個展にも組み込んだ。こうしてウォーホル式に、商品とアートとの線引きはあいまい化された。

デザイナー自身がそもそもアーティストの場合も少なくない。彼らは人体をキャンバスに見立てたり、そのキャンバスを用いてランウェイでパフォーマンスアートを繰り広げたりしている。アレキサンダー・マックイーン、フセイン・チャラヤン、ヴィクター&ロルフ、マテリアル・バイ・プロダクト――これは変容という深いメッセージをキャットウォークで伝えたデザイナーのほんの一部だ。その根底には、ファッションは人の個性をさまざまに変容させる、だからこそ着る人を魅了するのだという基本概念がある。これらのデザイナーは人体とアート、つまり衣服とを互いの存在が不可欠となるほど融合させた。その結果、ファッションをまとう行為自体が一種のアートあるいはパフォーマンスではないかとの声もある。

ファッションはショーとして見せるアートだ、という概念もある。20世紀初頭には、サロン内でモデルが服を着て見せていた。1980-90年代には既製服の隆盛が続き、史上もっとも豪華なランウェイの数々が披露された。リディア・カミチスが論じたように、ファッションショーは美術展と同じく教示的なテーマや意味を備えたメッセージ性の強いものへと進化していった。[3] この現象の一例として、カミチスはフセイン・チャラヤンの2007年春夏コレクション「111」に言及している。このショーでは、過去に流行したスタイルをベースに、形態を変化させていく機械仕掛けのドレスが次々と登場した。ヴィクター&ロルフ、ジョン・ガリアーノのクリスチャン・

ディオール、アレキサンダー・マックイーン、シャネルなどのショーは、時間こそ15分にも満たないが、規模も予算も世界最高峰のオペラの舞台に匹敵していた。

これこそ舞台芸術、ライブパフォーマンスとしてのファッションであり、その瞬時性は24時間続くニュースサイクルの需要に次々と応えている。これがひいては市場でのファッションの展開、報道、そして何よりも販売のあり方に急激な変化をもたらした。2000年以降ファッションブロガーの数は急増し、と同時に従来型のファッション媒体（記者や批評家やジャーナリストを擁した雑誌や新聞）は時代遅れなものになっていった。一般的な見方では、オンラインと印刷媒体どちらのコンテンツにも市場需要は依然あるという。だが新たなメディア・プラットフォームによってファッションの伝播は劇的に変化した。たとえばオートクチュールという「スローアート」を世界中のせっかちな観客にいち早く届けようと、毎シーズンのショーの模様を映像配信するブランドが増えている。ネット上の

ヴィクター&ロルフ、
ジョン・ガリアーノのクリスチャン・ディオール、
アレキサンダー・マックイーン、
シャネルなどのショーは、
規模も予算も世界最高峰の
オペラの舞台に匹敵していた。

次ページ：アレキサンダー・マックイーンのランウェイショー、
2010年春夏パリ

ファッションブログやディスカッションフォーラムが急増した結果、チェック機能もほぼないまま情報の波が氾濫している。これらの新たなファッション記事は果たして古典的な意味での「批評」と呼べるのか、との疑問はある。この大きく変動するメディア環境のなか、絶えず移ろいやすく、正統で知的な批評文化を欠いたモード界は、アート業界に手を借りることで憧れの知の要素を獲得している。ファッション誌は、商業主義から離れたキュレーター的視点を持つゲストエディターとしてアーティストを招き入れた。またトップブランドと同様に、芸術寄りの写真家と手を組んで既存の枠を超えたビジュアル撮影に臨んでいる。デジタル時代におけるアーティストとのコラボレーションでは、映像も重要な媒体となった。顧客に向けてネット上で動画を流すファッションブランドも増えているからだ。

インターネットの普及はファッションの販売形態をも激変させた。2000年以降、ファッションブランドは技術開発の推進によってeコマース（ネット上の通信販売）を実現させ、ブティックや百貨店の牙城《がじょう》に迫ろうとしている。今や消費者は家に居ながらにして服のウィンドウショッピングや買い物ができる。たとえばバーバリーは、オンライン顧客がショーの映像からじかにランウェイアイテムを購入できるシステムを導入した。皮肉なことにこの技術的・商業的革命は、建築家の設計によるビッグメゾンの旗艦店出店と同時期に起こっている。斬新で革新的かつ建築物としての重要性を備えたメガストアは、まさにモード界の美術館であり、そのオペレーションもまた美術館さながらだ。すなわち来場者は芸術作品を鑑賞するよう導かれ、（建造物に対する寄付であれ、グッズの購入という形であれ）支払いをして建物を出るという仕組みだ。潤沢な資産を持つブランドは、さらに一歩進んで自社の美術館や展示スペースを設けたり、画期的なアートプロジェクトをスポンサー支援したりしている。

一方でアート業界は、こうした新たな販売形態やメディア部門への参入にはいくぶん遅れ気味だ。アートギャラリーという「ホワイトキューブ」から外に踏み出すことは、アートの世界では容易ではない。アート業界はいまだに美術館やギャラリーでの展覧会に依存しながら、雑誌の論評や展覧会カタログの発行を通じたメディア露出の獲得を図っているし、展覧会の成否はやはり来場者数によって判断される。だがもっと根源的なのは、ファッションに着る人が必要なように、アートには観る人が必要だという点だ。インターネットを通じてアートはより多くの人の目に触れるようになった（美術館や画廊のバーチャルツアーも今や一般的だ）が、やはりアートは実物を鑑賞すべきとの見方もある。対面式の鑑賞は、作品に「触れる」という芸術表現が求める知覚体

オックスフォード通りにある
英国の百貨店セルフリッジズ旗艦店で開催された
「ミュージアム・オブ・エブリシング」展の
インスタレーション、2011年ロンドン

ジェフ・アンが制作した無題ショートフィルムのスチール写真、
ckカルバン・クライン2010年春夏

験の一部であり、またアーティストの手による「真正性」を自分自身で確かめる手段でもある。さらにいえば、アート作品のネット販売は可能であり実現されてはいるが、旧来のアートギャラリー、ディーラー、オークションハウスの枠組みは、ほぼ形を変えずに存続している。この組織構造は、アーティストの地位を確保し、真正性を実証するためにやはり必要だからだ。

ファッションの世界でも、作品の真正性は確立されなければならない。ラグジュアリーブランドは常に偽物の氾濫からブランドを守る必要に迫られてきた。それゆえメゾンにとってブランドアイデンティティはことのほか重要だが、一方で村上隆やダミアン・ハースト、シンディ・シャーマンなど、大成功を収めたアーティストの多くは彼ら自身がブランドでもあり、その作品の複製は著作権によってかたく保護されている。

アートとファッションをめぐる議論は、そこに内在する価値という概念に帰着せざるを得ない。私たちの理解では、ファッションには「価格」があり、アートには「価値」がある。アートは一般的に価値を増していき、一方でファッションは（古着の人気は根強いものの）一般的に価値を減じていくものだ。オートクチュールの世界を除き、価格の下落しないファッションアイテムはほとんどない。「イットバッグ」や「イットデザイナー」を求める声も即時的欲求がおさまれば止むだろう。この欲求こそ生来一過性のものだからだ。そもそもイットバッグは次なるイットバッグにその座を奪われるためにある。これがファッション界の自然の摂理だ。つまるところファッションとは「流行」であり、瞬時性に根ざしたものにほかならない。新世紀に見られる非常に興味深いトレンドは、2007年に端を発した世界的な金融危機に相前後してラグジュアリー市場が活況を帯びたことだろう。表面的には、消費者は広まる倹約ムードのなかで慰めを求めてビスポークや高級アイテムに目を向けたかのように見える。だが深層心理では、大変動の時代にあって人は確かさを希求する気持ちに突き動かされたのではないか。では、何をもって「確かさ」と呼ぶのか？　つくりのよさだろうか。かもしれない。もっと具体的にいえば、アーティストのデザインや職人の手仕事によって生み出された作品、時間をかけてつくり込まれ、それゆえ金銭的価格を超えた価値ある作品だけが持つ確かさではないだろうか。時間そのものが究極に貴重な商品となった現代文化のなかで、世界的に生まれた「真正性」を渇望する気持ちに、アートとファッションは手を携えて独自に応えることができるだろう。

レム・コールハウス／OMA設計による
ニューヨークのプラダ旗艦店の内装

この大きく変動するメディア環境のなか、
絶えず移ろいやすく、
正統で知的な批評文化を欠いた
モード界は、アート業界に手を借りることで
憧れの知の要素を獲得している。
ファッション誌は……ゲストエディターとして
アーティストを招き入れた。
またトップブランドと同様に、
芸術寄りの写真家と手を組んで
既存の枠を超えた
ビジュアル撮影に臨んでいる。

上：ユルゲン・テラーが撮影したウイリアム・エグルストンとシャーロット・ランプリング、
マーク・ジェイコブス2007年春夏

More than clothes: Fashion as art

境界を越えて：アートとしてのファッション

前ページ：Tru$t Fun!のスカーフ「グローリー」、2009年

26—
アートとしてのファッション

概説：
境界を越えて

アズディン・アライア2010年春夏
オートクチュールコレクションのドレス。
「21世紀のアズディン・アライア」展、
2011年オランダ・フローニンゲン美術館

デジタルメディアの台頭が大きな要因となり、ファッションは現代における文化的娯楽の一形態というステイタスを得た。そう考えれば、多くの視覚芸術家が真剣かつ本格的にファッションを作品の主題としているのも不思議ではない。たとえば、モード、消費主義、芸術、ブランド文化に対する論評で有名なスイス人美術家のシルヴィ・フルーリーは、ブロンズをクロムコーティングしたプラダの靴の彫刻（“Prada shoes《プラダ シューズ》” 1998年）や、さまざまな高級ブランドの紙袋を集めたインスタレーション（“Insolence《傲慢》” 2007年）、シャネルの香水「エゴイスト」100瓶をやはりシャネルの小さな袋に詰めたインターベンションを創作した（1991年にケルン国際美術見本市に出品）。イタリアのパフォーマンス&インスタレーション作家ヴァネッサ・ビークロフトも同様に、ファッションの構築性と美の演出を追求し続けている。なかでも印象的なのは、裸のモデルを使った作品だろう。アーティスト本人に似たモデルが選ばれ、数量限定の版画のようにナンバーとサインを付される。そして美術館の広間で観客に囲まれながら無言で数時間立ち続けるというパフォーマンスだ。ビークロフトとフルーリーがともにルイ・ヴィトンと協働しているのは、ファッションが新たに獲得した自己批評性の表れである。フルーリーは2000年にヴィトンのアイコンバッグを象ったクロムブロンズの彫刻を創作し、そこからメタリック地にモノグラムを型押しした「ミロワール」コレクションのキーポルバッグが誕生した。ビークロフトはシャンゼリゼの旗艦店出店の際にヴィトンのロゴを再解釈し、1940年代の『ヴォーグ』誌を象徴する（アール・デコの代表的イラスト作家エルテの作品に由来した）アルファベットから着想を得て、裸のモデルを並べたロゴを描いた。

身体との関連からファッションを扱った現代美術家には、ほかにもベヴァリー・セムズ、トム・サックス、ルーシー・オルタ、カレン・キリムニック、エリザベス・ペイトン、エリオ・オイチシカ、マイケル・ザブロス、リー・バウリーなどがいる。1987年にはヤナ・スターバックが生肉でドレスをつくり、自ら着用して腐敗する様子を記録した。その後、ファッションアイコンのレディ・ガガは、有名な「生肉ドレス」をまとって2010年のMTVビデオミュージックアワードに出演している。これはアルゼンチンの芸術家でデザイナーのフランク・フェルナンデスが手がけた作品だ。アートとファッションが与えるインスピレーションは双方向に作用している。現代美術家との正式なコラボレーション以外にも、たとえばジョン・ガリアーノが画家のジョン・シンガー・サージェントにささげたオマージュから、イヴ・サンローランの有名な「モンドリアン」ドレス、さらにはロダルテの「フラ・アンジェリコ」コレクションに至るまで、多くのデザイナーは芸術作品に発想の源を求めてきた。

ロマンス・ワズ・ボーンのドレス「アイス・ヴォーヴォ」、
2009年春夏

社会学者のダイアナ・クレーン教授はこう記す。「芸術作品として服をデザインするアーティストは、この行為における実用的・商業的側面には興味がない。なかには、あえて着用できないドレスをつくるアーティストもいる」。[1] オートクチュールは「着用できない」と批判されることが多い。それがまるで欠点であるかのように。確かに、身につけられないという事実はファッションの商業的可能性を否定し、その存在理由を問うものかもしれない。だが多くのオートクチュールドレスと同様に、フルーリーのブロンズ製プラダシューズも着用は不可能だ。一過性のファッションでありながら、即時的な金銭取引で測れない永遠性と価値を与えられた作品なのである。だとすれば、一部のファッションデザイナーによる作品もまた芸術と見なすことができないだろうか？

ファッションとアートが明らかに共有する基盤はパフォーマンスである。装うという行為は演出になる。このため多くのデザイナーがコンテンポラリーパフォーマンスやコンセプチュアルアートと同様の形態で作品を披露している。いわゆる「ファッション劇場」だ。メゾン・マルタン・マルジェラが1997年にロッテルダムのボイマンス・ファン・ベーニンゲン美術館で開催した個展では、過去の作品を無彩色で再現し、カビやバクテリア、イースト菌などのさまざまな培養菌を植えつけて展示期間中に布地の色を変化させた。これはいわば芸術を媒介としたファッションと科学の出会いである。アレキサンダー・マックイーンが1999年に発表した独創的な「No.13」コレクションは、白いドレスをまといターンテーブル上でゆっくり旋回するモデルのシャローム・ハーロウに、ロボットがカラースプレーを噴射するという圧巻のフィナーレで幕を閉じた。英国人デザイナーのフセイン・チャラヤンは、とくに演出的なショーで知られている。2000年春夏コレクション「ビフォー・マイナス・ナウ」ではリモコン操作で形状が変化するドレスを、2000年秋冬の「アフター・ワーズ」では家具から変容した服を発表した。また幾度にもわたるスワロフスキーとの共同制作では、クリスタルと多数のLEDを散りばめたドレスが暗転させたランウェイでまばゆい光を放っていた。

ファッションを主題にした芸術家の作品は概して知性的と（つまり好意的に）解釈されるが、一方でファッション自体は中身がないものと揶揄《やゆ》されることが多い。たとえデザイン工程や服の発表形態から純然たる芸術性が示されたとしても、ファッションは瞬時性、商業主義、そして「使い捨て」という側面から判断される。芸術はその複雑さゆえに高尚な営みと捉えられるが、対照的にファッションは容易に理解できるものと思われがちだ。とはいえ、ファッションに対して概念的なアプローチを続けるコンテンポラリーデザイ

ヘンリック・ヴィブスコフの
「ヒューマン・ランドリー・サービス」コレクション、2009年秋冬

「人は芸術作品を着るか、自らが芸術作品になるべきだ」

オスカー・ワイルド[2]

ナーもいる。服を介してアイディアを具現する彼らの作品は芸術と見なされうる。フセイン・チャラヤン、ベルンハルト・ウィルヘルム、ヘンリック・ヴィブスコフ、メゾン・マルタン・マルジェラ、ヴィクター&ロルフ、ウォルター・ヴァン・ベイレンドンクなどはみな、営利目的で流行に走ることなく、「ファッションとは何か、いかに機能するか」という定義に挑みながら服づくりをしている。興味深いことに、この分野のデザイナーにはヨーロッパ勢や日本人が圧倒的に多い。歴史的にヨーロッパのファッションは、芸術、音楽、映画、建築を含む広義の美にかかわる文化の一部として発展したことが理由の一端だろう。理論家のカーリン・シャクナットが「総合芸術」と呼ぶマルチメディアの潮流は、アーツ・アンド・クラフツやベル・エポックの動きからも明らかだ。[3] またヴァレリー・スティールは「伝統的に日本ではアートとクラフトの厳格な区別は存在しなかった」と強調する。[4]

こうしたデザイナーへの賛歌として個展やグループ展が頻繁に行われ、その作品は私設ギャラリーや公立美術館に収集され偉大な芸術品と並んで展示されている。

アートとしてのファッションの真正性が問われるのは、まさにこの場所、美術館であり、過去数十年間に多くの議論を呼んできた。同じく文化的・経済的に親しみやすいコンテンポラリーメディアである写真、映像、グラフィティ、ストリートアートと同様に、ファッションは伝統芸術と同等のステイタスを獲得しようという、資本主義とのつながりからいっそう困難な課題に挑んできた。だがおそらく、ファッションの文化的、社会的、経済的、美的価値に関する問いと答えは、究極的には鑑賞者、つまりは消費者にゆだねられるべきだろう。

前ページ：ロダルテ2006年秋冬のイヴニングドレス。
「ブログモード：アドレッシング・ファッション」展、
2007年ニューヨーク・メトロポリタン美術館コスチューム・インスティチュート

フセイン・チャラヤン

Hussein Chalayan

1999年と2000年に英国デザイナー・オブ・ザ・イヤーに選ばれたフセイン・チャラヤンは、その知的なファッション哲学からしばしば芸術家と呼ばれる。既存の枠にとらわれない素材使いと先端技術を駆使したデザインで知られ、その表現はファッション、家具、建築、演劇、音楽、映画といった領域を横断する。彼のコレクションの形態は、おもにパフォーマンスもしくはインスタレーションだ。カーリン・シャクナットが記すように「チャラヤンの美学の根底には知的概念がある。しばしば社会的文脈にからめて語る彼の意識のなかで、ファッション、建築、そして芸術の境界はあいまいになっている」[5]

キプロス島出身のチャラヤンの作品には、分断国家で過ごした幼少時の経験が影響しているようだ。つまり、彼の服には「根絶された」ルーツを背景としたある種の政治的メッセージが込められている。とりわけ有名なコレクションのひとつ、2000年秋冬の「アフター・ワーズ」では、政治難民としての経験をもとに、強制的に家を出るという概念を家具が衣服に変容する形で表現した。また移動と速度というコンセプトを空間と時間の両方の観点から引用することも多い。やはり独創的だった2007年春夏のプレゼンテーション「111」では、1着のドレスを機械仕掛けで次々と歴史的スタイルに変容させた。

2005年、チャラヤンは現代アート界屈指の国際イベントであるヴェネツィア・ビエンナーレのトルコ館に出展し、ティルダ・スウィントン主演の映像作品『不在の存在』を発表した。彼の展覧会は、これまでロンドンのヴィクトリア&アルバート博物館、日本の金沢21世紀美術館、ロンドンのテートモダン、ニューヨークの近代美術館、オランダのフローニンゲン美術館で開催されている。

「ファッション、建築、
そして芸術の境界は
あいまいになっている」

カーリン・シャクナット

次ページ：フセイン・チャラヤンのLEDドレス、2007年秋冬
32-33ページ：パリ・ファッションウィークのランウェイより
フセイン・チャラヤンの「慣性」コレクション、2009年春夏

33 —
フセイン・チャラヤン

インタビュー：
アナ・プランケット&ルーク・セールズ
ロマンス・ワズ・ボーン

Anna Plunkett & Luke Sales, Romance Was Born

上、36-37ページ：ロマンス・ワズ・ボーンの
「猛戦士」コレクション、2013年春夏
38-39ページ：ロマンス・ワズ・ボーンの
「レース&パール、オイスター&シェル」コレクション、2009年春夏

オーストラリアの人気ブランド、ロマンス・ワズ・ボーンが、ビジネス面、評価面ともに成功を収めているのは、視覚芸術家とのコラボレーションによるところが大きい。なかでも注目すべきは、2008年のアーチボルド賞に輝いたデル・キャスリン・バートンとの共作だろう。ブランドの創設デザイナーはアナ・プランケットとルーク・セールズ。2人はザ・プリセッツやアーキテクチャー・イン・ヘルシンキといったミュージシャンの衣装も担当し、また長年の支援者ケイト・ブランシェットが監督を務めるシドニー・シアター・カンパニーとも親交が深い。さらにアーティストのケイト・ロードも重要なコラボレーション仲間だ。プランケットとセールズのコレクションから着想を得たケイトは、彫刻や壁紙、小物などの展覧会を共同で開催している。2011年春夏コレクションでは、シドニーを拠点とするアーティストのネルがデジタルプリントを担当し、手描きイラストをコラージュした白黒の文字プリントを打ち出した。

ミッチェル・オークリー・スミス（以下MOS）：*ファッションよりもアートと評されることの多いおふたりの作品ですが、ファッション、つまり服はアートになり得ますか？*

アナ・プランケット（以下AP）：服の背景にあるメッセージが商業主義的なものでなければ、アートにもなるのでは？ アート空間は服を見せる格好の場だと思います。最近、ヨーロッパでベルンハルト・ウィルヘルムの展示を見ました。小さな画廊でしたが、ものすごい熱気でした。演出的要素があり、服は鮮やかでグラフィカル。だからこそあの空間で見せる意味があったのでしょう。

ルーク・セールズ（以下LS）：初となるショーのひとつを（シドニーのパディントン地区にある）カリマン・ギャラリーで行ったのは、デル・キャスリン・バートンとともに3シーズンかけてつくり上げたプリントのお披露目でもあったから。カリマンはデルのホームグラウンドだったので、僕らの作品にもぴったりでした。

MOS：*デルと同じようにあなた方もご自身をアーティストだと考えますか？*

AP：はっきりと線引きするのは難しいですね。結局、私たちは店頭に並ぶ服をつくるファッションデザイナー。でも、パフォーマンスや展示用の一点物もデザインします。商業目的でないこうした作品はアートともいえるでしょうが、私たちにとってはあくまでもストーリーを語る手段です。

MOS：*デルやネルなど現代アーティストとも仕事をしていますね。あなた方の活動においてコラボレーションは重要でしょうか？*

LS：個性的で創造的な人と仕事をしたいと思っています。そうすれば、ファッションサイクルに合わせて継続的な量産の必要な既製服のシーズンコレクションも面白くなると思うから。自分たちの伝えたいストーリーにぴったりだと思う人と仕事をする、それだけです。

MOS：*ファッションがアートになるのは、たとえばオートクチュールのように製法によって？ それとも伝えるメッセージ性によるのでしょうか？*

LS：そもそも服づくりの考え方や動機にもよるでしょうが、どちらも当てはまると思います。でも、あまりにもコンセプチュアルなのは僕たちらしくない。ファッションは感情を揺さぶるものだと思っているし、自分たちが追求しているのもそういう服です。

MOS:*ただ、あなた方の作品には芸術品と同じように一点物も多いです。*

AP：自分たちが楽しんでつくる作品が必ずしも売れるものではない、それは自覚しています。でもそういう作品こそつくり手に語りかけてくる。コレクションのアイディアを教えてくれたり、そのほかの既製服デザインの着想になったりすることも多いです。それがなければ、私たちだけの「らしさ」は生まれてこないでしょう。

MOS：*大抵はそうした作品がメディアに露出されます。だからロマンス・ワズ・ボーンの作品は劇的だという印象がついてまわるのでしょう。*

AP：私たちは作品の世界観をつくり上げたいと思っています。見る人に服の背景にある感情やアイディアが伝わるように。街には既製服があふれていますよね。だとしたら、日常と代わり映えのしないショーをして何の意味があるのでしょう？

LS：僕たちは必ずしも派手で舞台芸術的な見せ方にしようとは思っていません。そう見えるかも知れませんが、スタジオでつくる服の世界をただ自然に広げただけ。演劇的な要素は最後の仕上げに過ぎません。コレクションのテーマと空気感が大事なので、何ヶ月もその世界に没頭し、最終的にすべてのアイディアを出し切って伝えるとあの形になるんです。

SO SHALL IT BE!

"A NAMELESS LAND, A TIMELESS TIME!"
RMB!

メゾン・マルタン・マルジェラ

Maison Martin Margiela

フランスのコンテンポラリーブランド、メゾン・マルタン・マルジェラは知的な思想と機知に富んだものづくりで定評がある。ブランドを創設したのはベルギー生まれのマルタン・マルジェラ。ブランド名には今もその名が冠されているが、本人は2009年にクリエイティブディレクターの座を退いている。だが、マルジェラは常に仕事場におけるパーソナリティと実在性の概念をもて遊んでいるようであり、引退時にも依然として現役続行では…との憶測を呼んだ。彼は写真撮影には一切応じず、ランウェイにも登場しない。ブランドとデザイナーが同一視されることの多いパーソナリティ先行のモード界では稀有なパターンだ。だがその匿名性にもかかわらず、彼は絶大なる支持と名声を享受し、熱心なファンは自分たちをマルジェラ作品の「コレクター」と呼ぶ。

マルジェラの批評的なファッション哲学は、不条理主義あるいは超現実主義と呼ばれる。コレクションでは（たとえば裏地を表地として使用するなど）既存の枠を超えた素材を用い、完成した服とは何かとの概念を問い直した。こうしたコンセプチュアルなまなざしは、たとえば手袋やベルトをはぎ合わせて仕立てたジャケットや、人毛を模したウィッグで有名な「ヘアコート」など、奇抜でシュールな作品として具現された。マルジェラ作品でもうひとつ特筆すべきは、古着の再構築である。1994年にはすべて過去の作品から成るコレクションを発表した。形や量感で遊んだデザインもあり、ボディをグロテスクに膨らませたり、あるいは分割して片腕または片脚のみにしたりと形状を変化させた。マルジェラに既存の美意識を称賛する意図はなく、それどころか彼のスタイルは、ときに女性の身体の抑圧に向けられていたようにも思われる。

こうした過激で概念的な作品は、各コレクションのよりウェアラブルな服のテーマを明示する広告塔だ。滑稽ともいえる作品をつくることで、マルジェラはファッションに内在する愚かさを示唆するとともに、作品がコピーされ大量生産される可能性を排除した。だがマルジェラ引退後の2012年、メゾンは世界的な量産ブランドの象徴であるファストファッションのH＆Mと提携し、ブランド創設者の代表的デザインをより着やすく安価に提供するカプセルコレクションを発表した。H＆Mとのコラボレーションは、マルジェラ自身の創作理念に対する侮辱だとする向きもある。だがジャーナリストのフィオナ・ダンカンなどは、これは意図的なパフォーマンスであり、「ファッション界のゆがんだ像を呈示し続けるマルジェラの作為、内輪ネタのひそかな抗議活動、そして真正性と機械的な複製に対する発言」であるという。[6]

次ページ：メゾン・マルタン・マルジェラのパッチワークコート、2005年秋冬
42ページ：メゾン・マルタン・マルジェラのドレス、2009年春夏

滑稽ともいえる作品をつくることで、
マルジェラは
ファッションに内在する
愚かさを示唆するとともに、
作品がコピーされ
大量生産される可能性を排除した。

ベルンハルト・ウィルヘルム

Bernhard Willhelm

ドイツ人デザイナーのベルンハルト・ウィルヘルムは、前衛デザイン集団として有名な「アントワープの6人」の10年後にアントワープ王立芸術アカデミーを卒業した。在学中にはウォルター・ヴァン・ベイレンドンクやダーク・ビッケンバーグなどメンバーのもとで働き、常識を覆すその作品には彼らとの共通項があると称賛された。しかしウィルヘルムはあくまでも本人の実力で評価されるべきである。1999年にビジネスパートナーのユタ・クラウスとともに自身の名を冠したブランドを立ち上げて以来、既存のドレスの様式を破壊し続けるその作風は大絶賛され、数々の展覧会の機会を得る。ブランド設立10周年には、フローニンゲン美術館での個展「ベルンハルト・ウィルヘルム&ユタ・クラウス」展も実現し、作品は舞台美術家ザナ・ボスニャクによるマネキンに着せて展示された。

フローニンゲン美術館の展示会図録によると、ウィルヘルム作品がアートとして語られるに値するのは、現代的ポップカルチャーと伝統的オートクチュールの両方を引用しながら、グロテスクで子どもっぽく空想的な世界を表現する手法によるという。パリのファッションウィークで毎シーズン披露され、芸術的演出に定評があるプレタポルテのショーは、コレクションの背景にあるアイディアを伝えるだけでなく、既存の舞台つまりランウェイからファッションを切り離すことでその発信力を増幅させてもいる。

上、次ページ、46-47ページ：ベルンハルト・ウィルヘルム
2010年春夏（上）、2008年春夏（次ページ）、
2007-8年秋冬（46-47ページ）コレクションのデザイン。
「ベルンハルト・ウィルヘルム&ユタ・クラウス」展、
2009-10年フローニンゲン美術館

AUTUMN

ER 2007 2008

48 —
アートとしてのファッション

アレキサンダー・マックイーン

Alexander McQueen

2010年、リー・アレキサンダー・マックイーンの自殺はファッション界を騒然とさせた。享年40歳。伝統的なクチュールの技法、パンクの感性、そしてファッションに対する未来的視点を見事に融合させたマックイーンは、紛れもなく同世代でもっとも偉大なデザイナーだった。彼が残したデザインという遺産、そして貧しい生まれからジバンシィのチーフデザイナー、さらには自分の名を冠したブランドの創設者へと上り詰めた神話さながらのストーリーには、死の直後から多くの称賛の声が上がった。また2011年にニューヨークのメトロポリタン美術館で開催され驚異的な人気を博した回顧展「アレキサンダー・マックイーン：野生と美」は、21世紀文化のアーカイヴとしてすでに確立していた彼の地位をさらに確固たるものにした。だがマックイーンは存命中にもしばしば芸術家と呼ばれていた。

マックイーンはとりわけ明と暗の拮抗を楽しみ、あらゆる奇異な世界からインスピレーションを得ていた。その影響はメランコリーで空想的なコレクションに現れている。彼は、舞台芸術、音楽、映画の要素をブレンドし、忘れがたく、劇的で、ときに挑発的なコレクションで知られていた。きわめて印象的ないくつかのショーでも、強烈な概念的手法が取られている。物議を醸した1995年秋冬の「ハイランド・レイプ」コレクションでは、ぼろぼろのタータンをまとう着衣の乱れたモデルを登場させた。ここではスコットランドとイングランドの対立関係に深刻な訴えを呈していたのだが、意図とは裏腹にマックイーンの女嫌い説がまことしやかに流れた。鳥の頭の形をした肩章、体をくねらせた毒ヘビのプリント、アルマジロのような奇抜な靴、着る人をエキゾチックな鳥に変身させる羽の重なりなど、彼は女性に力強さを与える服をつくり、自分の服は現代女性のための一種の鎧だと語った。

芸術の存在はマックイーン個人にとっても彼の発想の源としても重要だった。彼の個人的なアートコレクションには、チャップマン兄弟、サム・テイラー＝ジョンソン（もとテイラー＝ウッド）、フランシス・ベーコンなどの作品、ヴィクトリア朝やビザンティン様式の美術などがあった（最後に手がけたコレクションではビザンティン美術のアイコンを探究している）。2001年春夏の「VOSS」コレクションは、太った女性が古めかしい呼吸管でサルとつながっている場面を描いたジョエル＝ピーター・ウィトキンの写真“Sanitarium《療養所》”から着想を得たものだ。マックイーンはフェティシズム系作家のミッシェル・オーリーにその女性役を演じさせ、鏡張りの巨大な箱の内部に隠れさせた。観客はショーの開始まで1時間以上も鏡に映る自分の姿を見つめさせられ、デザイナーはこの気まずい光景を楽しんだ。ショーが始まると箱の内部が照らされて女性とサルの情景が浮き彫りになり、やがてガラスの側面が倒れて粉々に砕ける。マックイーンはこう語った。「コレクションのテーマは自分の顔を自身に向けさせること。内観して欲しかった。“私は実際目にしているほど上等なのか？”……美しいモデルたちが部屋を歩き回り、突然そうでない女性が現れる。つまり美しさは内面から生まれる、という概念を表現しようとした」[7]

次ページ、50-51ページ：アレキサンダー・マックイーンのランウェイショー、2009年秋冬パリ

アズディン・アライア

Azzedine Alaïa

チュニジア生まれのデザイナー、アズディン・アライアは、ファッションサイクルという概念には無関心だ。彼は広告宣伝を避け、既存のファッションカレンダーとは無関係に、作品ができ上がれば顧客をアトリエに呼んで新作コレクションを披露する。ミシェル・オバマ大統領夫人など数多くの著名人を顧客に持つが、セレブのご機嫌取りはしない。1960年代からデザインを始めた長いキャリア、そして服は造形的に身体の延長だとするアライアのファッション観が、芸術家としての彼の評価につながった。その作品は、2011年にフローニンゲン美術館で開催された「21世紀のアズディン・アライア」展などの大規模な個展や、数々のグループ展で披露されてきた。2000年、イタリアブランドのプラダが、アライアのアーカイヴと並んでクリストバル・バレンシアガやマドレーヌ・ヴィオネといったデザイナーによるヴィンテージの名品を収蔵する美術館を設立するという黙約のもと、アライアブランドの一部はプラダの傘下に入った。

服は造形的に身体の延長だとする
アライアのファッション観が、
芸術家としての彼の評価につながった。

上、前ページ、54-55ページ：アズディン・アライアのコレクションより、
2009年春夏（上）、2010年秋冬オートクチュール（前ページ）、
2011年秋冬オートクチュール（54ページ）、
2008年秋冬オートクチュール（55ページ）

55 —
アズディン・アライア

ロダルテ

Rodarte

ケイトとローラのミュラヴィー姉妹が2005年に立ち上げたLAファッションのロダルテは、若いブランドながら大成功を収めている。2010年、姉妹は名誉あるアメリカ芸術振興協会の国民芸術賞をファッションデザイナーとして初めて受賞。アカデミー賞受賞映画『ブラックスワン』(2010年)のバレエ衣装や、アーティストのブロディ・コンドンとの共作(やはり2010年にニューヨークのMoMA PS1で開催された「MOVE!」展に出品)を手がけるなど、分野を越えたファッションの表現で一躍有名になった。

2011年にロサンゼルスカウンティ美術館(LACMA)で開催された「ロダルテ:States of Matter」展では、ルネサンス期の画家フラ・アンジェリコから着想を得た姉妹の作品が展示された。これらは同年、フィレンツェのメンズ展示会ピッティ・ウオモでも披露され、その後LACMAのコスチューム&テキスタイル部門に寄贈された。フラ・アンジェリコの色彩を模したオレンジ、ソフトピンク、ライトブルー、ペールグリーン、ゴールドといった色合いのシフォンとサテンのドレスは、アンジェリコの絵画や彫刻と並んでLACMAのイタリア・ルネサンス・ギャラリーに収蔵されている。

姉妹は2011年に写真家のキャサリン・オピーとアレック・ソスとも協働して美しい作品集『ロダルテ、キャサリン・オピー、アレック・ソス』を刊行した。オピーは性差の問題、ソスは人種と階級の問題に取り組むなど、両者とも社会問題を扱ったドキュメンタリー作品で知られる芸術家だ。オピーの写真は、ロダルテのより「難解な」デザインをまとったモデルの日常を切り取っている。一方でソスのポラロイドや大判写真は、「ミュラヴィー姉妹のデザインを喚起したといわれる、パンクしたタイヤ、曲がった階段、へこんだ木製ベッド、枕のうえの十字架など、一見脈絡のない被写体の数々をカリフォルニアの名も知らぬ場所で捉えている」[8]

ファッションライターのディドラ・クロフォードは、姉妹の芸術的手法は画家のそれを彷彿させると語った。「通常、2人はまずアイディアを出し、次に色、そして伝えようとする物語に適したビジュアルを100点ほど厳選する。ここでやっとコレクションのデザインに着手する。彼らが選ぶビジュアルは、竜巻や草の葉の写真もあれば芸術作品もある。あるいは移り変わる陽の光でもいい。(中略)夕暮れ、夜明け、白昼、そして嵐のなかの小麦畑の色を捕まえ、2人は“小麦プリント”のドレスを生み出した。そのほかゴッホの星月夜や、パサデナのウィルソン山天文台からの眺望に触発されたコレクションもある」。[9] 姉妹は幅広いアートの分野を参照し(大学でケイトは美術史を、ローラは文学を専攻)、過去のコレクションでは抽象表現主義の画家ヘレン・フランケンサーラーの作品から1980年代のホラー映画まで、多岐にわたる題材を選んでいる。

次ページ:ロダルテのランウェイショー、2010年春夏
58-59ページ:ロダルテのランウェイショー、2011年秋冬

59—
ロダルテ

インタビュー：
ウォルター・ヴァン・ベイレンドンク

Walter Van Beirendonck

ベルギーのデザイナー、ウォルター・ヴァン・ベイレンドンクは「アントワープの６人」のひとりとして知られる。この前衛的で影響力の大きいデザイナー集団には、1980-81年にアントワープ王立芸術アカデミーを卒業し、1988年にロンドン・ファッションウィークにグループ出展したアン・ドゥムルメステール、ドリス・ヴァン・ノッテンなどがいる。ヴァン・ベイレンドンクは、革新的なデザインで単独展やグループ展をたびたび開催するなど、かつてのメンバーのなかでも芸術とのかかわりがもっとも深い。2011年には、オーストリアの美術家エルヴィン・ヴルムとコラボレートし、アントワープのミドルハイム美術館で彫刻シリーズを発表。2012年には、特別映像を含む過去30年間の作品を展示する回顧展「ドリーム・ザ・ワールド・アウェイク」展をアントワープ・モード美術館で大々的に行った。特別映像のディレクションはニック・ナイトが、スタイリングはサイモン・フォクストンがそれぞれ担当している。

ミッチェル・オークリー・スミス（以下MOS）：*ご自分の作品をアートだと思いますか？*

ウォルター・ヴァン・ベイレンドンク（以下WVB）：私のファッションへの取り組み方はアートプロジェクトのときとはまったく異なりますが、でき上がった作品には共通点がある――いろいろな意味でファッションショーはパフォーマンスですから。一方で重要なのは、服は誰かが買って着てくれるもの、つまり現実や消費者とつながっているという点です。だから２つ（の世界）には大きな違いがある。自分はやはりファッションデザイナーだと実感しています。（仕事を始めた）当初から私のショーには芸術界から大きな関心が寄せられましたが、ファッションの仕事を中心にやっているせいか、自分はデザイナーだと思うんです。それは表現手段としてファッションを選んだということ。画家や彫刻家になる選択肢もあったかもしれませ

ん。でもファッションを選んだ。それは商売になると思ったからではなく、（ファッションの方が）表現の場を多く得られたからです。

MOS：*アートとファッションで作品に共通点があるのはなぜでしょうか？*

WVB：もちろん「伝えること」に尽きると思います。ファッションとアートの共通点はそこでしょう。我々は作品を通じてメッセージを伝えている訳ですから。

MOS：*どちらが好き、ということはありますか？*

WVB：ファッションのスピード感は好きですね。半年ごとに世界の動向を見つめることができますから。他分野のアーティストよりも早いサイクルで動けるのはデザイナーの特権ですし、そこに面白さを感じます。でも（アートとファッションの）どちらも楽しんでいますよ。アートを始めたのは人に勧められたから。どうしても芸術家になりたかった訳じゃないんです。私の服を見たギャラリーがインスタレーションをやらないかと提案してくれて。アートの世界に足を踏み入れたのはごく自然な流れでしたし、とても楽しかった。ギャラリー空間で必要なエネルギーは、ファッション界のそれとは全然違いました。

MOS：*コレクションの見せ方によってメッセージの受け取られ方は違ってきますか？*

WVB：各コレクションには明確な主題があります。それが服よりも目立ってはいけませんが、私にはとても大切なものなので、いつもその瞬間に私が表現したいものを（コレクションの）タイトルにします。でも店で服を見た人全員がメッセージを理解してくれなくてもいい。店のスタッフがテーマやコンセプトを説明してくれるのはありがたいけれど、私にとってそこはさほど重要じゃない。ただ服が好きだから、と買ってもらえるのが嬉しいです。

上、前ページ：ウォルター・ヴァン・ベイレンドンク2012年秋冬
62－63ページ：ウォルター・ヴァン・ベイレンドンク2013年春夏

65—

バースデー・スーツ

Birthday Suit

オーストラリアのブランド、バースデー・スーツの事業は、多くのファッション企業と同じく服の販売である。だが創設デザイナーのテシャ・ノーブルとエマ・プライスのクリエイションには、それをはるかに凌ぐ芸術的価値が備わっている。2000年代初めにシドニーの男装パフォーマンス界で10年にわたって活動したパフォーマー集団ザ・キングピンズから生まれたバースデー・スーツは、衣装が持つさまざまな要素(文化、人種、ジェンダー、セクシュアリティなど)を探究し、従来の美意識を覆して固定概念に異を唱えた。「いつも衣装に立ち戻る」とプライスは語る。「結局は概念的なスタイルになりますね。でも、たとえば既製のウィッグやコスチュームからアイディアを得ることも多いです。ある意味、同じアイテムからヒントを得てつくるので、作品により多様な表情が生まれます」[10]

プライスはシドニーの古着ショップ「ズー・エンポリアム」の共同経営者であり、シドニーのカレッジ・オブ・ファインアートでパフォーマンスアートを教えている。一方のノーブルはグラフィックアーティストとして活躍し、ファッション関連の仕事も多い。そんな2人がブランドを立ち上げたのも、ごく自然のなりゆきだろう。2007年の設立以来、バースデー・スーツがプライスとノーブルのアーティスティックな営みであることは変わらないが、顧客との直接的な接点もまた増えてきている。「(キングピンズの)販促の場になるのはどうかと思ったし、ずいぶん話し合いました。グッズ的な商品や、一般向けにトーンダウンした凡庸な作品にしないように」と、プライスは語る。バースデー・スーツは、ワードローブの定番アイテムだけでなく、たとえばエリザベス・テイラーの映画『クレオパトラ』を模した安全ピンとビーズのかつらや、映画『ピクニック at ハンギング・ロック』のハンドステッチをもじったケープ、繊細なレース編みのキャットスーツなど、一点物の作品も手がける。

「私にとってファッションとはドレスアップすることでした」とプライスは語る。「ファッションに対しては未来を描くよりも過去を見つめるというスタンス。思い出や時間を詰め合わせるように…」。ファッションの世界では、定期的に昔のデザインを焼き直して過去を皮肉っぽく参照することはあるが、「現在」を歴史の連なりの所産だと認識することはめったにない。だからこそバースデー・スーツの視点は商業デザイナーの多くが捉える歴史的ファッションという概念のアンチテーゼとなっている。作品に大きな影響を与えるのはアール・デコの時代だと2人はいう。当時の服飾スタイルではなく、「女性のフォルムやシルエットを激変させた動きとして、つまり女性を解放した革新的で歴史的意義ある時代として」影響を受けるといい、脱コルセットについて言及した。とすれば、おそらくバースデー・スーツもまた衣服に対するまったく新しいアプローチを展開したという意味で、機械的なグローバルファッションの世界に一石を投じた革新的なブランドといえるだろう。

上、前ページ、66-67ページ:バースデー・スーツの「スモーク&ミラー」コレクション、2010年秋冬

67 —
バースデー・スーツ

インタビュー：
スリーアズフォー

threeASFOUR

スリーアズフォーは、デザイナーのガブリエル・アズフォー、アンジェラ・ドンハウザー、アディ・ギルが2005年にニューヨークで創設したブランドである。その作品はロンドンのヴィクトリア&アルバート博物館、ニューヨークのクーパー・ヒューイット国立デザイン美術館、そして2008年に「スーパーヒーロー：ファッション&ファンタジー」展を開催したニューヨークのメトロポリタン美術館コスチューム・インスティチュートによって収集・展示されてきた。前衛的な歌手でアーティスト、そしてファッションアイコンのビョークに愛され、ミュージックビデオ『ムーン』など数々の場面で着用されたことでも知られる。2010年春夏コレクションでは、コンセプチュアルアーティストのオノ・ヨーコとのコラボレーションを実現した。オノの点描画をベースにデザインされたコレクションはニューヨークのミルク・スタジオで披露され、オノによる1964年の独創的なパフォーマンス“Cut Piece”《カット・ピース》がラフな形で再現された。

ミッチェル・オークリー・スミス（以下MOS）：*ファッションとアートの両方の世界で作品を発表するのはなぜですか？*

スリーアズフォー（以下TAF）：スリーアズフォーは立ち上げ当初からファッションとアートにかかわってきました。ニューヨークコレクションのショーのほか、世界各地で美術館やギャラリーの展覧会に参加しています。つかの間の空間で作品が生まれ変わる様子にいつも驚かされるし、やりがいも感じますね。マネキン、ラック、ボディなど、アートギャラリーや美術館の展示では、それぞれの文脈で人々の反応を見るのが毎回楽しいです。

MOS：*通常の商業的なファッションショーとは違ったプロジェクトに参加することは、デザイナーにとって必要ですか？*

TAF：さまざまな創作活動に参加することは、クリエイティブであり続けるうえで大切です。ショーを行い、ショールームで展示会を開き、生産する。ファッションサイクルは繰り返しの連続で予測可能。日常に埋もれる前に新しい挑戦をするのはいいことだと思います。

MOS：*コレクションの見せ方が従来のランウェイと大きく異なるのはなぜですか？*

TAF：スリーアズフォーでは、衣服はまわりを取り囲む環境の一部だと思っています。（ショーの）演出的要素は（衣服に）命を吹き込むという意味で必要です。作品の言葉を伝えるうえで鍵となるのが見せ方。本の内容を伝えるのに装丁や図版が重要なのと同じです。

MOS：*あなた方の活動はアートの創作？ それともデザインでしょうか？*

TAF：私たちをアーティストと呼ぶ人もいれば、デザイナーと呼ぶ人もいます。ただいえるのは、私たちの活動はアイディアを伝えること、その手段が服だということです。

次ページ、70-71ページ：スリーアズフォー 2012年秋冬

スリーアズフォー 2011年春夏

75 —

三宅一生

Issey Miyake

三宅一生は、（コムデギャルソンの）川久保玲や山本耀司とともに、20世紀を代表する日本人デザイナーのひとりだ。その素材使いや、ファッションに対する斬新でコンセプチュアルなアプローチから、彼らの作品は革新的とされる。ファッションとは何か、どうなりうるのか。この広範な主題を掘り下げたという点で、彼らのクリエイションは芸術と表現されることも多い。

三宅は（巻く、折りたたむなど）日本のファッションの伝統的・歴史的要素と、革新的な素材開発をもたらした先端テクノロジーとを融合させている。彼のデザインは、単なる機能としての服の枠を超えてその可能性を広げたいという志の現れだ。人の身体が入ると造形的なフォルムをつくる新素材もあれば、インスタレーションや展示の形で身体とは離して見せる服もある。三宅は熱処理による半永久的なプリーツ加工の技術で知られ、1993年には、ロングヒットとなった象徴的ブランド「プリーツプリーズ」を立ち上げた。これは20世紀初頭のクチュリエール、マダム・グレとフォルチュニーへのオマージュであり、また技術革新によってモードの目を未来に向けさせるプロジェクトでもあった。その作品は1998年にパリのカルティエ現代美術財団で開催された「Issey Miyake : Making Things」展でも展示されている。

1998年にデザイナーの藤原大とともに開発をスタートさせた、もうひとつの長期プロジェクトA-POC（A Piece of《1枚の布》 Cloth）は、三宅のコンセプチュアルかつ先端技術を駆使した衣服へのアプローチをさらに具現したものだ。A-POCは基本的にはビスポークという概念の進化型である。1本の糸から成る、コンピュータ制御によって一体成形された筒状の布に好みの長さでハサミを入れると、顧客はカスタムメイドの服を手に入れることができる。A-POCは経済的で無駄のない生産方法を体現する理想的モデルだ。2006年にその作品がニューヨーク近代美術館に所蔵されたのは、プロジェクトの概念的意義、そして三宅作品の永続的な芸術性が認められた証だろう。

三宅は数多くの現代美術家とのコラボレーションを実現してきた。たとえば1996年には、セルフポートレイト作品で知られる日本の美術作家、森村泰昌の再現名画を布地にプリントし、1999年には、中国人アーティスト蔡國強《ツァイ・グオチャン》のトレードマークである火薬を使った絵画を繊細なプリントドレスで表現した。2000年には日本の「スーパーフラット」セオリーを代表する芸術家、村上隆とのコラボレーション作品「Kaikai Kiki ／ Issey Miyake シリーズ」を発表し、2004-5年には同じくスーパーフラット・ムーブメントの日本人作家タカノ綾と共同で、ポップで「カワイイ」挿絵をプリントしたコートやブーツなどのレインウエアを展開した。また日本の現代美術家である青島千穂やMr.ともコラボレートしている。2004年には三宅の服をまとった、Mr.によるアニメ顔のオブジェが東京のイッセイミヤケ六本木ヒルズ店に展示された。

アートシーンに三宅が登場したのは1982年にさかのぼり、この年、『Artforum』の表紙を三宅のドレスが飾った。ファッションデザイナーが同誌のカバーストーリーとなったのはこれが初めてだった。今にしてみれば笑い話だが、世界屈指の現代美術専門誌でのファッション記事に対して、当時は嘲笑と称賛の両方が寄せられた。それ以降、三宅の作品はアートギャラリーや美術館における数々の展覧会やイベントで展示され、多くのモード美術館や衣装美術館の永久コレクションとして収蔵されている。またフランク・ゲーリー設計のニューヨーク・トライベッカ店など、イッセイミヤケブランドは自社の店舗空間を用いてアートの展示やインスタレーションの試みを行っている。

公式には三宅は2007年にデザインワークから退いてはいるが、三宅デザイン事務所が企画する多くのブランドプロジェクトを指揮する彼のビジョンは健在だ。また2004年設立の三宅一生デザイン文化財団での活動を精力的に続け、ほかの日本人デザイナーを含めた4名でディレクションを行うデザインミュージアム「21-21 DESIGN SIGHT」を2007年に東京に開設するなど、その活動は多岐にわたる。

前ページ：藤原大がイッセイミヤケのために手がけたA-POCプロジェクトの作品、2008年春夏

Tru$t Fun!
(トラストファン)

Tru$t Fun!は、2007年にシェーン・サカス、ジョナサン・ザワダ、アニー・ライト=ザワダが共同で立ち上げた小物中心のプロジェクトだ。彼らはおもにグラフィックデザイン、イラスト、タイポグラフィ、アートディレクションの分野で活躍し、またソロアーティストとしても活動している。サカスとザワダはともにファッションブランドとの仕事も経験済みだ。サカスはシドニーを拠点とするデザイナーのジョシュ・グートにプリントデザインを提供、ザワダはティナ・カリヴァス、インサイト、スビなどオーストラリア・ブランドのプリントやグラフィックデザイン、アートディレクションを担当してきた。そんな彼らにとって、ファッション界での単独活動となったのがTru$t Fun!である。ザワダは作品1点ごとの独自性を重視するよ

「1点1点全部違うから、
商業ベースのファッションとは
相容れない」

ジョナサン・ザワダ

うになったきっかけを、こう説明する。「うんざりするほどTシャツをつくってきて、こう思った。大量にプリントした同じTシャツなんて時代遅れじゃないかと。シェーンも同じ考えだった」。[11]　そこで3人は当時ほかのブランドが見向きもしなかったタイダイ（絞り染め）やデジタルプリントの手法を取り、限定生産で1点ずつナンバリングしたスカーフ、バッグ、着物ドレス、アクセサリーを創作した。「1点1点全部違うから、商業ベースのファッションとは相容れない」とザワダは語る。こうした自由奔放な精神がザワダとサカスのファッションコミック『Petit Mal !』やファッションブログ『Fashematics !』へとつながっている。

次ページ、78-79ページ：Tru$t Fun!のスカーフ「グローリー」、2009年

79—
Tru$t Fun! (トラストファン)

インタビュー：
エイドリアン・メスコ
トン・デ・レヴ

Adrian Mesko, Temps Des Rêves

チェコで生まれ、シドニーで育ち、ニューヨークを拠点とする写真家のエイドリアン・メスコ。彼は『ヴォーグ』、『GQ』、『ハーパーズ バザー』のフォトグラファーとして活躍する傍ら、2010年からはトン・デ・レヴのブランド名でシルクサテン地に写真プリントを施したスカーフを創作してきた。身につける人に言葉にできない「感覚」を味わって欲しいとの思いから始まったシリーズは、リバティ・オブ・ロンドンなどの店舗で展開され、一躍世界的な注目を集めた。

ミッチェル・オークリー・スミス（以下MOS）：*トン・デ・レヴを始めたきっかけは？*

エイドリアン・メスコ（以下AM）：ロンドンに住んでいた頃（1999-2005年）、試行錯誤で自分の写真をいろいろな生地にプリントし、ノッティングヒルにあるいくつかのギャラリーに売っていました。オーストラリアに戻ってからはなぜか中断していたのですが、ある日友だちのためにと思い、シルクストレッチ素材に写真をプリントしました。余り布を家に放置したまま3年が経った頃、スカーフのアイディアが浮かんだんです。すぐにブランドのストーリーもできました。ブランド名はフランス語で「夢の時間」を意味するトン・デ・レヴ。ロゴは（チェコスロバキアから）オーストラリアに移住した1988年の夏、そう、夢の時間が始まった年の私と愛犬グレーハウンドのイヴです。そして黄色のパッケージは私のポートフォリオから取りました。シルクにプリントした写真も含め、すべてが私自身のパーソナルな世界観。作品のひとつひとつに物語が織り込まれています。

MOS：*アーティストの作品を服飾に取り入れると作品の価値が損なわれるという批評家もいます。あなたもそう思いますか？　あるいは単に表現のひとつとしてファッションを捉えますか？*

AM：ファッションは表現手段のひとつです。人が着るものを選びコーディネイトするのは創造の一種。つまり、出かける前に感じた気持ちを表現する、あるいは自分がどうありたいかを投影する手段です。たとえば週に5日スーツを着る人だってネクタイ選びでちょっとした主張ができる。なぜそれを手に取ったのか、急いで出かけるときには気にも留めないかもしれない。でもこうした無意識レベルの表現もやはり大切です。結局、アートを日常生活に取り込むのに何の問題もないと私は思います。小物だっていい。（プリントスカーフの）試作品を初めてガールフレンドに見せたとき、彼女とルームメイトはひらひらした写真プリントと戯れ始めたんです。スカーフを宙に投げたり、頭に巻いたり、スカートにしたり、ラップドレスのように着てみたり。まるで魔法がかかったような瞬間でした。

MOS：*スカーフなどのファッション小物にアーティストの名前が入ったら、それ自体がアート作品になるのでしょうか？*

AM：私の考えでは、アートの大きな目的はその時代の表象であること、つまり“今”“ここに”生きている証になること。トン・デ・レヴは商業プロジェクトではありません。ブランド名も少年のロゴもすべて私個人の歴史を綴ったストーリーです。自分の作品をアートとは呼びませんが、芸術界の定石どおりギャラリーでの展示という形を取らないからといって価値が劣るとも思いません。先日ニューヨークのフリーズ・アートフェアを訪れましたが、まるでショッピングモールに足を踏み入れたようでした。建物全体は間仕切りで区切られ、ギャラリーのスタッフが険しい顔つきでラップトップをにらんでいる。芸術の支援者というよりも退屈で不安そうな店の売り子に見えました。

MOS：*あなたの作品を人が「まとっている」のを見るのは楽しいですか？*

AM：人が身につけているのを見るのと、写真がシルク地のうえに広がった瞬間を初めて目にするのとでは違いますね。正直、初めての瞬間は特別なものですが、人が着ているのを見るのはちょっと気恥ずかしいです。

上：トン・デ・レヴのスカーフ「スタンリー」、2012年
前ページ：トン・デ・レヴのスカーフ「サンタクルーズ」（上）と「アメリカーノ」（下）、2012年

ヘンリック・ヴィブスコフ

Henrik Vibskov

デンマークのデザインは、卓越した職人技、天然素材の活用、そして技術革新で世界的に有名だ。ただオラファー・エリアソンなど一握りの芸術家を除き、デンマークと前衛的な折衷主義という概念はほぼ結びつかない。しかしコペンハーゲンを拠点とするメンズデザイナー、ヘンリック・ヴィブスコフの成功は、映像、音楽、視覚芸術のジャンルをまたいだ、まさに意外性に満ちた活動によるものだ。

ヴィブスコフは2001年にロンドンのセントラル・セントマーチンズを卒業後、自身の名を冠したブランドを展開してきた。彼のデザインは伝統的な紳士服の仕立てを問い直し、現代の客層に向けて従来のスタイルを刷新しようとしたものだ。2003年、ヴィブスコフはデンマーク人デザイナーとして初めてパリコレクションで作品を発表した。実験的・経験的な手法でプレゼンテーションに向き合うヴィブスコフは、既存のファッションシステムの枠組みに沿って活動する芸術家として評価された。彼の作品は後にコペンハーゲンのV1ギャラリー、ニューヨークのサザビーズ・ギャラリー、ロンドンのミルバンク・ギャラリーなど多数の会場で披露された。モード界での活動に留まらず、ヴィブスコフはスウェーデンの芸術家でかつてのクラスメイトであるアンドレアス・エメニウスとの共同アートプロジェクト、「ヴィブスコフ&エメニウス」にも取り組んでいる。2人は“The Fringe《フリンジ》 Projects《プロジェクト》”と題した、インスタレーション、オブジェ、パフォーマンス、映像、自画像など一連の作品を通じて、幻影、表層、運動といったテーマを掘り下げ、2009年にオランダ、ミデルブルグのゼーランド博物館で発表した。

実験的・経験的な手法で
プレゼンテーションに向き合う
ヴィブスコフは、
既存のファッションシステムの
枠組みに沿って活動する
芸術家として評価された。

上：ヘンリック・ヴィブスコフ「濡れて輝く大きなおっぱい」、2007年春夏
前ページ：ヘンリック・ヴィブスコフ「縮みと巻きのスペクタクル」、2012年秋冬
84-85ページ：アートディレクター・フレデリック・ハイマンによるインスタレーション
“Recollection Quartett（4人の回想）”の衣装。メルセデス・ベンツ・ファッション・
フェスティバル・ベルリンとアントワープ・モード美術館のコラボレーション、2010年

JOHN
+
YOKO

マテリアル・バイ・プロダクト

MATERIALBYPRODUCT

フランスのファッション産業は、パリ・クチュール組合がオートクチュールの真正性と営みを定めた一連の規範を遵守してきた。だが、メルボルンのブランド、マテリアル・バイ・プロダクトを創設したオーストラリア人デザイナーのスーザン・ディマーシは、独自の方法論を考案した。「ある意味、私はアートの手法を使ってオートクチュールを今の時代に合った親しみやすいものにつくり直そうとしています。パリは伝統を踏襲しているけれど、私は伝統にはとらわれない。それがパリのクチュリエと違う点です。パリを拠点として伝統を受け継いだり修行を積んだりしていないので、自分のやり方を編み出すことができるんです。コンセプトは、私自身もお客さまも納得できるアイディアを生む、実験室のような場をつくること」[12]

マテリアル・バイ・プロダクトの服づくりでは、全体像をもとにして、マーク、カット、ジョインという各プロセスをディマーシが創造し、完成させ、絶えず発展させていく。マークとは、テンプレートとも呼ばれる生地の型を指し、ディマーシは大きさの異なる四角形の型に点線で印をつける。描かれたマーキングは意匠的に美しいだけでなく、プリーツや裁断によって服を形づくるうえで、楽譜のようにガイドラインとして機能する。カットとは、布地の裁断を意味する。通常は布地を長さいっぱいに使って服のフォルムを象るため、余り布が出たとしてもごくわずかだ。ジョインとは、裁断された布地をシルクテープを使って細かな斜めのハンドステッチで縫い合わせる仕上げの工程だ。ディマーシのクチュールシステムで最近開発されたのが、ブリードプロジェクトと呼ばれる手法。これは服に手作業でカラースタンプを押しておくと、やがて着る人の体温、香水、あるいは洗濯の仕方によってインクがにじみ出るというシステムである。顧客が服を持ってアトリエを再訪すると、ドットやマークにさらに変化が加えられる。「アトリエを訪れたり服に袖を通したりするたび、よりカスタマイズされた自分だけの1着になる」とディマーシは語る。「変化が重なり、セミクチュールの服を味わっていただくことができます」。ディマーシはブリードプロジェクトを多面的に捉えている。概念的には、商品とアート作品の枠を越え、未来は商品生産にではなくサービスにあるとファッション界に提唱する。一方で文化的には、デザイナーと顧客が直接手を携えて創作する、またとない機会を提供できるプロジェクトだという。

「私はアートの手法を使って
(オートクチュールを)
今の時代に合った親しみやすいもの
につくり直そうとしている」

スーザン・ディマーシ

87-89ページ：映像、スチール写真、
ライブパフォーマンスの3種類のプレゼンテーションで
ブリードプロジェクトを表現する振付師シェリー・ラジーカ、
「ブリードpart1」2012年

ヴィクター&ロルフ

Viktor & Rolf

オランダのデザインデュオでクチュールの達人、ヴィクター&ロルフ（ヴィクター・ホルスティンとロルフ・スノエレン）。2人は高度な技法を駆使した精緻なクチュールデザインと、舞台芸術的でパフォーマンス要素の強いショーで知られ、しばしば芸術家と称される。またコレクション用の特別撮影にデザイナー本人がモデルとして登場するなど、彼らは自分たちの作品と同じくブランドを体現する顔となっている。その姿はさながら個性派アーティストデュオ、ギルバート&ジョージのファッション版だ。

「アートはとても大切。自分たちのショーやコレクションは、常に自己表現手段のひとつだと捉えている」。パフォーマンスアートとして有名なショーについて彼らはこう説明する。[13] 初のメンズコレクションのショーで2人は自らモデルとして登場し、ランウェイの常識を覆した。1999年秋冬コレクションの「ロシア人形」では、ターンテーブルに乗ったモデ

「自分たちのショーやコレクションは、常に自己表現手段のひとつだと捉えている」

ヴィクター&ロルフ

ル（マギー・ライザー）に観客の目の前で1枚ずつ服を着せつけ、コレクションの全作品をひとりでまとわせた。2001年秋冬の「ブラックホール」は、モデルまで黒塗りした完全に「黒」のコレクションだった。2005年秋冬の「ベッドタイムストーリー」では、ベッドと枕を模した豪奢なドレスを披露し、2006年春夏の「アップサイドダウン」は、上下の反転で有名なミラノ店を彷彿させる完全に上下逆さまのコレクションだった。2003年秋冬の「ワン・ウーマン・ショー」では、ブランドのミューズで女優のティルダ・スウィントンと彼女に似せた髪の赤いモデルたちがランウェイを闊歩した。2007年秋冬「ファッションショー」はきわめて概念的なコレクションのひとつであり、モデルが照明器具を背負い自らを照らしながら歩く自給式ファッションショーを展開した。2008年秋冬の「NO!」では、ファッションの移ろいやすさに異議を唱え、モデルは立体や刺繍で「DREAM」、「WOW」、「NO」の文字が浮き上がる服を着て見せた。

2人の芸術的評判は、1998年以来30を超える展覧会の開催からもうかがえる。2008年にはロンドンのバービカン・アートギャラリーとユトレヒトのセントラール美術館で「ザ・ハウス・オブ・ヴィクター&ロルフ」と題した回顧展が大々的に行われた。

前ページ：ヴィクター&ロルフ2005年春夏
92ページ：ヴィクター&ロルフ2010年春夏
93ページ：ヴィクター&ロルフ2009年秋冬

93 —
ヴィクター&ロルフ

Art meets fashion: Collaboration

アートとファッションの邂逅：
コラボレーション

前ページ：ジュリー・ヴァーホーヴェンによるイラストをプリントしたシャツ、
サムシングエルス2012年春夏

概説：アートとファッションの邂逅

ゲイリー・ヒュームのアートデザインを取り入れたシャツ、
マルニ2010年秋冬

ファッションの世界でもっとも基本的なコラボレーションといえば、ブランド側が革製品や小物、ファブリックなど自社のアイコンや定番商品にアーティストの作品を引用する手法だろう。

コラボレーションのあり方はさまざまだ。アーティスト側に、商品の物理的な形状・構造・スタイルの変更や、まったく新たな商品の開発を依頼する場合もある。だが大抵はブランド力や生産量に応じた交渉価格でプリントが販売もしくはライセンス供与され、ブランドの既存商品にのせられるだけである。とはいえ、アーティスト側がどの程度クリエイションに関与するにしても、アートとファッションのコラボレーションは、2つの領域を結びつける大切な機会である。

こうしたコラボレーションは目新しいことではない。過去数世紀にわたり、芸術家や芸術運動はデザイナーの創作スタイルに影響を与えてきた。たとえば20世紀初頭には、クチュリエのポール・ポワレがイラスト作家のポール・イリーブやエルテの力を借りてテキスタイルプリントを創作した。次の世代では、イタリア人デザイナーのエルザ・スキャパレリが親交ある芸術家のジャン・コクトー、サルバドール・ダリ、アルベルト・ジャコメッティと個人的に手を携えて作品を制作している。1927年から1954年ごろに彼女が取ったこのスタイルが、コンテンポラリーアーティストとの共同制作という現代的手法の先駆けとなった。スキャパレリの時代、21世紀でいう「コラボレーション」の概念はさほど重視されず、現在のようにアーティストの名が目立って表記されることもなかった。だが、とくにサルバドール・ダリとの共作で、ウォリス・シンプソンが着用した「ロブスター」ドレスなどはメディアの注目を集め、現代美術家とファッションブランドの共演という未来の流行を生み出した。この意味でのスキャパレリの影響力を称え、2012年にはニューヨークのメトロポリタン美術館で「スキャパレリ&プラダ：インポッシブル・カンバセーションズ」展が開催されている。スキャパレリ作品は、現代のイタリア人デザイナーでやはり視覚芸術家との協働で知られるミウッチャ・プラダの作品と並べて展示された。また2010年、ニューヨークのMoMA PS1はファッションとアートのコラボレーションという現代の風潮を捉え、14人のデザイナーがそれぞれ芸術家と組んでパフォーマンスや期間限定インスタレーションを展開する「Move!」展を開催した。同展には、マーク・ジェイコブスとロブ・プルーイット、シンシア・ローリーとオラフ・ブルーニング、プロエンザスクーラーとダン・コーレンなどのペアが参加している。

だが極端な利益追求型の現代ファッションビジネスでは、アーティストとのコラボレーションの多くは実売商品の制作に終始している。芸術的な意図はどうであれ、これらの企画は高級ブランドを抱える世界的なコングロマリット企業によって採算性があると判断されるのだ。

こうしたコラボレーションは
目新しいことではない。
過去数世紀にわたり、芸術家や芸術運動は
デザイナーの創作スタイルに
影響を与えてきた。

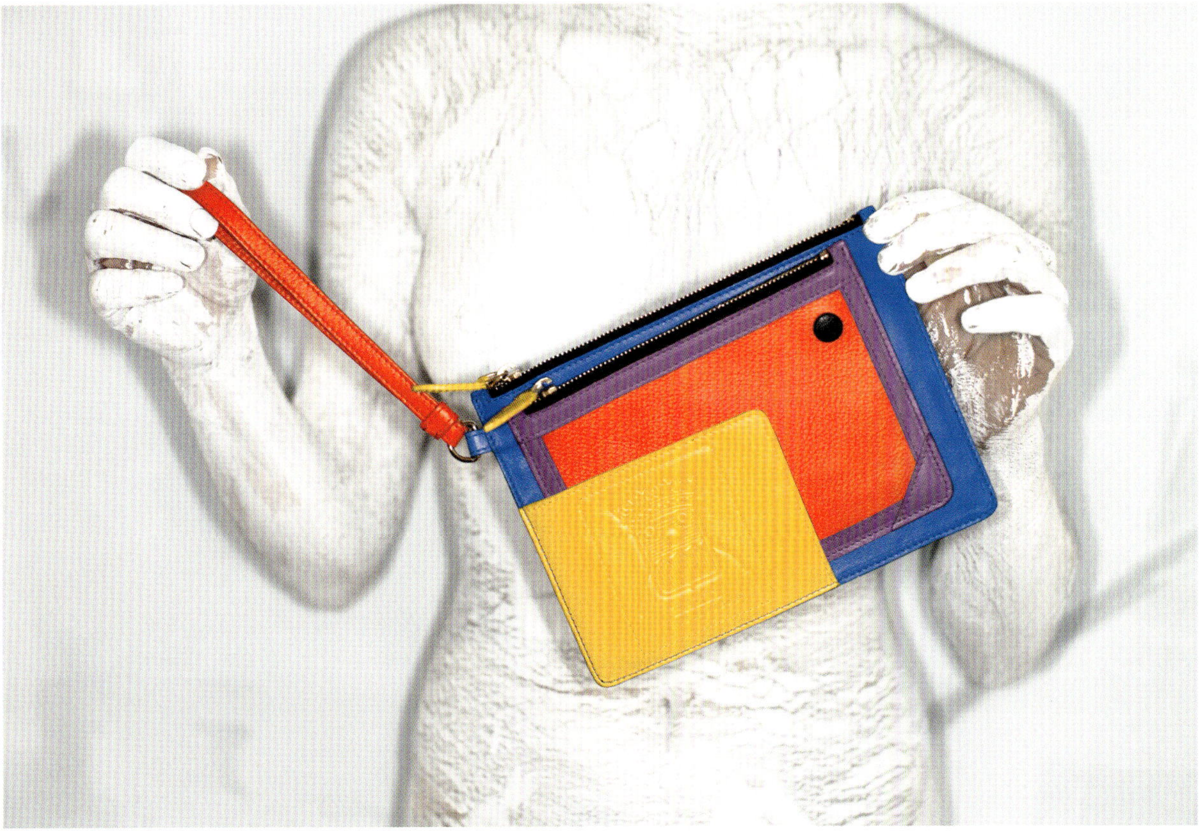

オラフ・ブルーニングがグラエム・フィドラー、
マイケル・ヘルツと共同でデザインしたクラッチバッグ、
バリーラブ #2、2012年

「現代美術家との
コラボレーションは、
商品に新たな創造性をもたらす。
従来のファッションとは
まったく異なる創造力が
必然的に生まれるのだ」

イヴ・カルセル、ルイ・ヴィトン元最高経営責任者[1]

次ページ：マーク・ジェイコブスとのコラボレーションで自らがデザインした
ルイ・ヴィトンのバッグと靴とともにカメラ前に立つ芸術家の草間彌生、2012年

アクネ「ホワイトアート・Tシャツプロジェクト」第2弾
ルーシー・スケアのパッケージ、2011年
前ページ：ティム・ロロフスのプリントを取り入れたドレス、
ヴェルサーチ2008年秋冬

アーティストとの協働で生まれるファッションは、大抵は一度限りのカプセルコレクションであり、限定版《エクスクルーシブ》という特別感によって通常は芸術作品が持つ真正性のオーラをまとうことになる。さらにいえばファッション消費者にとって「エクスクルーシブ」は「ラグジュアリー」と同義で、完売商品ほど欲しくなるのが常である。ルイ・ヴィトンで過去最大のビジネス的成功を収めた村上隆の2003年コレクションへの反響は、こうした「特別な」何かを求める消費者願望の表れだ。

このような潜在利益のほかにも、コラボレーションによってブランド側はメリットを得る。本書のイントロダクションで述べたように、多くのメゾンは強力なマーケティングツールとして自社の歴史に依存している。つまり、伝統、真正性、ブランド認知という概念を強調して変動するグローバル経済で生き残りつつ、一方で現代市場にも即したモダニティを保とうとしている。現代アートの収集というプレステージ感はもとより、ファッションにビジュアルアートの要素を組み込むことによって、とりわけ老舗ブランドに必要な「旬の」イメージが加わり、革製品などの機能商品に新鮮な遊び心と重厚感の両方が添えられる。

アートとファッションは共謀関係にある。したがって互いの利益のためにリスクも痛み分けだ。ブランド側は実験的なカプセルコレクションの生産に多額の経費を求められる。一方で手を組むアーティスト側は知名度とともに利益を得るため、芸術界の仲間から「裏切り者」のレッテルを貼られるというリスクを背負う。だが露出の増加はアーティスト個人だけでなく社会全体にも利点となる。多くの消費者にとってファッションのコラボ企画はそのアーティストの作品に触れる入口だ。つまり、現代アート単独の場合とは異なり、消費者は相応の知識がなくてもアートに触れる、あるいはアートについて語ることができる。金銭を支払えば誰でも商品を購入できるし、メディアを通じて楽しむこともできる。こうしてファッションとアートのコラボレーションは、消費者が現代アートに触れる場を広げるうえで重要な役割を果たし、有料の文化的教育の実現を可能にしている。

アンセルム・ライラがクリスチャン・ディオールのためにリデザインした
バッグ「レディディオール」、ネックレス「ミーザンディオール」、
リング「ロック・イン・ディオール」、2012年

「ブリテン・クリエイツ 2012」

「ブリテン・クリエイツ2012：ファッション＋アート」展は、ファッション、オペラ、演劇、舞踊、映画、視覚芸術といったフィールドの連携を目的として、英国ファッション協議会と『ハーパーズ バザー』誌が設立したファッション芸術財団の主催で開催された。このプロジェクトでは、2012年のロンドンオリンピックに向けて英国のモードと現代美術の創造性を奨励した。スザンナ・グリーヴスがキュレーションを手がけた本展では、以下９組の著名なデザイナーと芸術家がタッグを組んでいる：ジャイルズ・ディーコンとジェレミー・デラー、フセイン・チャラヤンとギャビン・ターク、ジョナサン・サンダースとジェス・フラッド・パドック、メアリー・カトランズとマーク・ティッチナー、マシュー・ウィリアムソンとマット・コリショー、ニコラス・カークウッドとサイモン・ペリタン、ポール・スミスとチャーミング・ベーカー、ピーター・ピロットとフランシス・アプリチャード、スティーブン・ジョーンズとセリス・ウィン・エヴァンス。各ペアは双方の個性と美学を表現できる手法で自由に創造性を発揮させ、でき上がった本プロジェクト限定の作品はロンドンのヴィクトリア＆アルバート博物館に展示された。スザンナ・グリーヴスはこう語る。「コンセプトから作品発表まで本物のコラボレーションを促し、縛りのない自由な対話の場を設けることで、まったく新しいことをしたかった。（中略）普段の作風とは全然違うものをつくるチャンスだという人もいれば、自分らしさを見せたいという人も。ただ、全員が非常に意欲的だった」[2]

デザイナーのジャイルズ・ディーコンと
アーティストのジェレミー・デラーによる無題の共同作品。
「ブリテン・クリエイツ2012：ファッション＋アート」展、
ロンドン・ヴィクトリア＆アルバート博物館

「コンセプトから作品発表まで
本物のコラボレーションを促し、
縛りのない自由な対話の場を
設けることで、
まったく新しいことをしたかった」

スザンナ・グリーヴス

次ページ：デザイナーのピーター・ピロットと
アーティストのフランシス・アプリチャードによる共同作品“Arch（アーチ）”。
「ブリテン・クリエイツ2012：ファッション+アート」展、
ロンドン・ヴィクトリア&アルバート博物館

プラダ×ジェームス・ジーン

Prada & James Jean

2008年、イタリアのラグジュアリーブランド、プラダはイラスト作家でコミックアーティストのジェームス・ジーンと創業以来初の試みとなるコラボレーションを春夏コレクションで実現させた。ドレスやシューズ、バッグなど総数100点を超える作品を生み出したこの企画は、服や小物に留まらない広がりを見せた。ジーンはレム・コールハース設計によるニューヨークのプラダ・エピセンターの壁面装飾や、ミラノコレクションのショー会場の空間デザイン（メディアへの披露は2007年）も依頼され、また彼の作品はスティーヴン・マイゼル撮影による2008年春夏コレクションの広告キャンペーンにも組み込まれた。

ジーンはロサンゼルスを拠点に活動するディレクターのジェームズ・リマや、モーション・キャプチャーなどの最新技術を駆使する制作チームとともに短編アニメーションフィルム『揺れ動く花々』（2008年）も手がけている。この映像では、生き物が次々とファッションアイテムに変容する神秘的な妖精の世界が描かれ、ジーンがプラダのために創作した水彩画のキャラクターに生命が吹き込まれた。同フィルムはニューヨーク、ロサンゼルス、東京のエピセンターで上映され、青山店のウィンドウでは木から桃をもぎ取る主人公の姿が巨大スクリーンとなって外観を飾った。

プラダとジーンとの取り合わせは意外性に満ちていた。ジーンはDCコミックの表紙イラストで知られ、その作品がアイズナー賞やハーヴェイ賞に輝いた作家である。手描きの水彩デザインによる有機的モダニズムの世界は、プラダの簡素でインダストリアルな美学とは当初不釣り合いかと思われたが、両者のコラボレーションは広く成功を収めたとされている。

ジェームス・ジーンによる図柄を取り入れた服を
ジーンのデザインによる背景で撮影したプラダの広告、
2008年春夏

インタビュー：
ジョニー・ヨハンソン アクネ

Jonny Johansson, Acne

1996年にストックホルムで設立されたアクネは、ファッション、映像、広告の枠を越えて活動するクリエイティブ集団とされる。共同でブランドを立ち上げたジョニー・ヨハンソンは、こうした多分野にわたるアプローチはスウェーデン文化に根ざした特性だという。主力のデニムを中心としたシーズンコレクションに加え、アクネは映像作家のダニエル・アスキル、芸術家のカトリーナ・ジェブ、イタリアの自転車メーカー、ビアンキとも手を携え、映像、家具、工業デザインなどのプロジェクトにも取り組んできた。2005年には、スタイリストにカリーヌ・ロワトフェルドを、フォトグラファーにデヴィッド・リンチ、スノードン卿、サラ・ムーンを、さらには女優でブランドのミューズでもあるティルダ・スウィントンを迎えて年2回発行の雑誌『アクネペーパー』を創刊した。アート界とタッグを組んだコレクションで代表的なのが2012年春夏シーズン。ロンドンを拠点とするアーティスト、ダニエル・シルバーと協働したこのコレクションでは、切り貼りのコラージュを落とし込んだアイテムを展開した。

上、次ページ、110-111ページ：ダニエル・シルバーのアートデザインを取り入れたアクネのコレクション、2012年春夏

ミッチェル・オークリー・スミス（以下MOS）：*アクネは、ミッシェル・ジャンクからダニエル・シルバーまで多くのクリエイターと手を組み、その全員が『アクネペーパー』に携わっています。多岐にわたる共同制作は想定どおりですか？*

ジョニー・ヨハンソン（以下JJ）：もちろん。私にとってスウェーデンの文化は友好的で民主的。だからグループで共有すること、他分野の人と新しい創造をすることはごく自然なんです。

MOS：*家具や映像などジャンルを越えた活動は、デザイナーの仕事に影響を与えますか？*

JJ：ファッション、建築、芸術などジャンルに限らず、興味あるクリエイションならどんな形態でも試してみるべきです。明確なメッセージを持つ人と仕事をするのは刺激的。また挑戦でもあります。それは自分の安心空間から一歩踏み出さないといけないから。違ったフィールドを試すことは大事ですが、自分が目利きだといっている訳ではありません。私はただアートの世界を楽しむ子どものようなものです。

MOS：*ダニエル・シルバーとの共作や「ホワイトアート・Tシャツプロジェクト」（2010年）など、アートをファッションに取り込むプロセスとは？*

JJ：まず、ファッションとアートのあいだには境界があると思います。2つの異なるジャンルだと。私の仕事はアートではないけれど、アートに触発されることで新しい見方ができます。私は断じてアーティストではないし、我々の作品も芸術ではない。だからお互いこうしたプロジェクトに踏み込めるのです。

MOS：*ただ、芸術家との共同制作によって服に芸術的価値が添えられるのでは？　アーティストとともにコレクションを創作した場合、服はアートになるのでしょうか？*

JJ：難しい質問です。今の時代、芸術家が成功するには多様なメディアで表現できることが求められますが、その質問は難しい。私の話に戻ると、アートは自分では開けられない心の扉を開けてくれる。だからこの活動を続けています。

MOS：*「ホワイトアート・Tシャツプロジェクト」とは？。*

JJ：シンプルなアイディアですが、とてもオープンで面白い企画です。ファッションを求めるお客様にアートを呈示することで、アーティスト本人、そしてアートという分野への注目を高める格好の場を提供できるプロジェクトです。

MOS：*映像の仕事をする背景も同じでしょうか？*

JJ：アクネでは表現のひとつとして当初から映像を使っていましたが、急にまわりがファッション映像の制作を始めたのです。アクネブランドの枠を超える何かモダンなことをしなければと思ったとき、ミッシェル・ジャンクやダニエル・アスキル（218ページ参照）に目が向きました。格好いいからという理由で映像を撮りたいと思ったことはありません。何をするにしてもアクネらしさが大切だと思っています。

WAX BLOCK PRINT
★ SUPER - WAX ★

112 —
コラボレーション

クリスチャン・ディオール ×アンセルム・ライラ

Christian Dior & Anselm Reyle

2012年、クリスチャン・ディオールはメゾン初の試みとなるドイツ人芸術家アンセルム・ライラとのコラボレーション限定商品を発表した。ライラはアイコンバッグのレディディオールとミスディオールの刷新を一任されたほか、小物と靴のシリーズも展開し、彼のトレードマークである迷彩柄と蛍光色、さらにカラフルな三角モチーフを使ってクラシカルな定番アイテムを再構築した。精緻なクチュールの歴史で知られるディオールにとって、ライラの描くストリートアートの要素を取り入れることは、リデザインという現代文化に通じる若者に向けた遊び心だった。2011年にクリエイティブディレクターのジョン・ガリアーノが去った後、ディオールに新たな方向性を与えたのはコラボレーションの概念である。その背景には、アートの文脈でディオールに成功をもたらした2つの大規模展の存在があった。中国の現代美術家にディオールとは何かを問いかけた「クリスチャン・ディオールと中国のアーティスト」展（北京・ユーレンス現代美術センター、2008年）と、19-20世紀のおもな芸術作品とともにディオールの生涯にわたる創作活動をふり返った「インスピレーション・ディオール」展（モスクワ・プーシキン美術館、2011年）である。

「レディディオールの創作は楽しかった。
私の仕事の大半は
既存のものに手を加えて変化させること。
（ここでも）同じアプローチで臨んだ」

アンセルム・ライラ[3]

上、次ページ：アンセルム・ライラのデザインによるトートバッグ（上）とウェッジシューズ（次ページ）、クリスチャン・ディオール2012年

114—
コラボレーション

バリーラブ×
オラフ・ブルーニング
フィリップ・デクローザ

Bally Love : Olaf Breuning & Philippe Decrauzat

革製品、靴、小物を扱うバリーは、数社の有名時計メーカーを除いてファッション界随一のスイスを代表するブランドといえるだろう。同社は1851年にカール・フランツ・バリーによってスイスの小さな村シェーネンヴェルトに設立された。その長い歴史とスイスの伝統は常にブランドの誇りとなってきた。現在も本社をスイスに置き、職人とデザイナーを自社で抱える。ロンドンのデザイン事務所で彼らを統括するのが、クリエイティブディレクターのグラエム・フィドラーとマイケル・ヘルツだ。老舗ブランドでありながら、バリーは現代アート&デザインに造詣が深く、その支援活動でも知られている。バリーとアートの関係には長い歴史があり、各時代のイラスト作家を起用した20世紀のポスターは有名だ。

革製品中心のブランドだけに、バリーが展開する服のコレクションはほかのファッションメゾンよりも小規模であり、メディアを招いた従来型のランウェイショーも行わない。その代わり、近年では現代アートプロジェクトにいっそう注力することでブランド認知度を高めている。2010年には、世界的に有名な現代アート見本市のアートバーゼル、さらにそのアメリカ版であるアートバーゼル・マイアミビーチとパートナーシップを結んでいる。同年、現代美術家と組んで毎年新たなカプセルコレクションを展開するバリーラブ・プロジェクトを開始。プロジェクト第1弾では幾何学的なオプアートで知られるフィリップ・デクローザ、続いて2012年の第2弾ではオラフ・ブルーニングが起用された。

バリーラブの商品バリエーションやアイテムは自由に設定されるが、プロジェクトの根底にある意図は、所有欲をそそり、つくりがよく、かつモダンな商品を創作することだ。このプロジェクトは、バリーの社内デザイナーにビジネス重視のモード産業からひと息つく間も与えてくれる。「デザイナーとして仕事をする場合、市場需要への対応、企画と生産、そのほか諸作業などに膨大な時間を費やします。(でもバリーラブは) 特別な作品

オラフ・ブルーニングがグラエム・フィドラー、マイケル・ヘルツと共同でデザインしたスカーフ、バリーラブ#2、2012年

BALLY
SWITZERLAND

上：フィリップ・デクローザのデザインによるバッグ、バリーラブ#1、2010年
次ページ：フィリップ・デクローザのデザインによる靴、バリーラブ#1、2010年

を創造するコラボレーションの時間。だから売上に固執するのとは違う」とフィドラーは説明する。[4] この企画はフィドラーとヘルツの着任以前に始動していたが、両者はそのコンセプトを意欲的に受け入れた。「すべてのブランドは関連分野で役に立つべきです。芸術もそのひとつ。デザイナーとして自分たちにも大きくかかわる領域ですから」とヘルツはいう。プロジェクト第1弾はシンプルにデクローザのグラフィックを皮革や布地に配したものだったが、フィドラーとヘルツはより積極的な共作に踏み込んだ。「アーティストとの対話を通じて"一緒に"新しい何かをつくる方が面白い」とフィドラーは語る。「オラフとのコラボレーションでは、彼はモデルにボディペイントした張り子の像をつくってきました。ファッションアイテムの創作にとても関心があるようでした。我々デザインチームは、その像から形状や技術的な制約といった詳細に落とし込んでいった訳です。理想的でとても刺激的な共同作業でした。結果として芸術家のデザインを単に商品にのせるだけよりもずっといいコレクションができ上がったと思います」

117 —
バリーラブ

「

まるでギャラリーを
訪れているようだ。
店では見たことのないものに出会い、
誰もが少しばかり
視野を広げることができる

」

マイケル・ヘルツ

ステラ・マッカートニー ×ジェフ・クーンズ

Stella McCartney & Jeff Koons

2006年春夏のステラ・マッカートニーと米国人ポスト・ポップアーティストのジェフ・クーンズとのコラボレーションは、有名人どうしの共演で話題を呼んだ。クーンズは収集家に大人気の21世紀でもっとも成功した芸術家のひとりだ。マイケル・ジャクソンとチンパンジーのバブルスの像など型破りな作品はもとより、ハンガリー生まれのイタリア人ポルノ女優チチョリーナとの結婚後、夫婦の露骨なポーズを描写して物議を醸した“Made in Heaven《メイド・イン・ヘヴン》”（絵画、写真、広告、彫刻からなるシリーズ、1989-91年）でも有名だ。ステラ・マッカートニーは、ビートルズのポール・マッカートニーの娘である。環境にやさしく、健全な倫理観にもとづいて動物を一切使わない姿勢、そしてさり気ないラグジュアリーを求める進歩的な現代女性に向けた服は高く評価されている。マッカートニーのコレクションは、ランジェリー、アディダスのスポーツウエア、量販チェーン店「ターゲット」のキッズラインなど多岐にわたる。ファッションは個人のライフスタイルを反映するという彼女の思想は、瞬く間に現代の「ブランド」の定義を変革した。

このコラボレーションでは、クーンズのポッププリントを再現した透け感のあるドレスや、今や彼の代名詞となったバルーンうさぎの巨大ステンレス像“Rabbit《ラビット》”（1986年）をネックレスやブレスレットのチャームにしたジュエリーコレクションを展開した。また広告ビジュアルにマッカートニーの友人でスーパーモデルのケイト・モスを起用したことから、コラボレーションの知名度はさらに高まった。キッチュでどぎつい作風のクーンズと、控えめな美を好むマッカートニー。一見相容れなさそうなこの共演は、両者に大成功をもたらした。

上、次ページ：ジェフ・クーンズのアートデザインを取り入れたドレス、
ステラ・マッカートニー 2006年春夏

PARIS
LONGCHAMP

ロンシャン×トレイシー・エミン

Longchamp & Tracey Emin

　英国のコンセプチュアルアーティスト、トレイシー・エミンは、その過激な表現で世界的に話題を呼んでいる。作品はインスタレーション、エッチング、ドローイング、レース刺繍と多岐にわたり、自伝的な題材や複雑な感情を吐露した作風はしばしば「告白」と表現される。彼女は1990年代にヤング・ブリティッシュ・アーティスト（YBA）のひとりとして一躍有名になり、英国でその名が知られるようになった。1999年のターナー賞ノミネート作品"My Bed"《私のベッド》では、コンドームの散らばる乱れたベッドを展示して物議を醸した。ファッションとの関連も少なくない。エミンはニック・ナイトのウェブサイト『ショースタジオ』に寄稿したり、ポストフェミニストの精神とポストパンクの美学を共有するヴィヴィアン・ウエストウッドの広告写真にモデルとして登場している。

　だが洗練された仏ブランド、ロンシャンとの2004年のコラボレーションは、当初は不適切と見なされた。ロンシャンはエミンを招き入れ、ベストセラー商

エミンのコラボレーション作品は、彼女のプライベートな「旅」をふり返る遊び心を刺激した。

品の折りたたみ可能なトラベルバッグ「ル・プリアージュ」とスーツケースを共同で創作した。でき上がったのはエミンのアート同様に手づくりにこだわった作品だ。刺繍を施した限定200個のバッグひとつひとつには、作品の真正性を示すアーティストのサインが入れられた。エミンのコラボレーション作品は、彼女のプライベートな「旅」をふり返る遊び心を刺激した。エミンが恋に落ちた場所——ホテル、都市、通りなどの名前が入ったバッグは、彼女自身のロマンティックな思い出の品に早変わりしたのである。

前ページ：トレイシー・エミンがリデザインしたバッグ「ル・プリアージュ」、
ロンシャン2004年

ルイ・ヴィトン×
村上隆、リチャード・プリンス、
草間彌生、スティーブン・スプラウス

Louis Vuitton :
Takashi Murakami, Richard Prince, Yayoi Kusama & Stephen Sprouse

著名なファッションキュレーター、オリヴィエ・サイヤールはこう明言した。「はっきりと目に見える関係性を築いたという点で、ルイ・ヴィトンほどアーティストの作品と評価に大きな影響を及ぼしたブランドはない」。[5]　創設者の孫ガストン=ルイ・ヴィトンは、ピエール=エミール・ルグラン、ジャン・ピュイフォルカ、ルネ・ラリックといった装飾芸術家との共同制作を実現した。21世紀になると、ルイ・ヴィトンは毎年のようにビジュアルアーティストと共同で既製服や小物のカプセルコレクションを展開し、ジュリー・ヴァーホーヴェン(2002年)、村上隆(2003年)、リチャード・プリンス(2008年)、草間彌生(2012年)、そして大成功を収めた「グラフィティ」(2001年)と「レオパード」(2006年)柄で知られるスティーブン・スプラウスなどと手を携えている。

ルイ・ヴィトンのコラボレーションで特筆すべきは、現代アーティストの手によるLVモノグラムなどアイコンの刷新である。創業者の息子ジョルジュ・ヴィトンは、トレードマークの幾何学模様を一新して現在のモノグラムを生み出した。ジャポニズムとアール・ヌーヴォーの様式をもとにオリジナルの花のモチーフを取り入れたのは、新世紀に向けたブランドイメージのモダン化はもとより、現在と同様に数多く流通していた模倣品と区別する意味もあった。モノグラムを新しくするこの手法は、高級ブランドを抱えるコングロマリット企業LVMHの現オーナー、ベルナール・アルノーによって継続されている。同社は1990年に経営権を取得し、1996年の

下、次ページ：ルイ・ヴィトンとコラボレートした村上隆の作品。
さまざまにアレンジされたモノグラムプリント(下および次ページの壁)
とアニメキャラクター風の彫刻オブジェ(次ページ)。
「ルイ・ヴィトン：A Passion for Creation」展、
2009年香港芸術館

上：マーク・ジェイコブスによる
ルイ・ヴィトン2008年春夏コレクションのフィナーレ。
モデルはリチャード・プリンスが手がけたバッグなどを持ち、
彼の有名な作品“Nurses（ナース）”シリーズを
模した衣装をまとっている

「こうしたプロジェクトは、
デザイナーとアーティストが
単に提携を結んで
特定の柄や服をつくるという、
ファッション界にありがちな
コラボレーションではない。
ルイ・ヴィトンはものづくりの工程に
アーティストを全面的に参加させ、
各プロジェクトを独自のやり方で
展開させた」

オリヴィエ・サイヤール[6]

上、次ページ：草間彌生の "Dots Infinity（ドットインフィニティ）" を取り入れて
マーク・ジェイコブスがデザインしたバッグ「ロックイットMM」（上）と
「ロックイット・ヴェルティカルMM」、ドレスとアクセサリー（次ページ）、
ルイ・ヴィトン 2012年

127 —
ルイ・ヴィトン

モノグラム誕生100周年にはアイコニックなモノグラム商品を発表した。記念すべきコレクションでは、アズディン・アライア、ヘルムート・ラング、シビラ、マノロ・ブラニク、アイザック・ミズラヒ、ロメオ・ジリ、ヴィヴィアン・ウエストウッドなど、世界的な有名デザイナーが独創的なバッグをデザインした。

2003年、クリエイティブディレクターのマーク・ジェイコブスは日本人アーティストの村上隆に新しいモノグラムデザインを依頼し、その結果ルイ・ヴィトンに過去最大級のビジネス的成功をもたらした。村上はまず黒地と白地にカラフルなモノグラムを配したデザインを展開し、その後はアニメ風のサクランボ柄、マンガキャラクター的な動物のモチーフなど、数多くのバリエーションを編み出した。大衆文化と高級芸術を融合させる斬新な手法は村上の真骨頂である。彼は日本のグラフィックデザインを日本社会の過剰な消費主義に結びつけ、スーパーフラットというポストモダンの芸術理論を展開した。また商品展示と彫刻オブジェを使った店内インスタレーションもデザインしている。後に村上は、ルイ・ヴィトンのために創作したイラストや彫刻をふたたび自身の個展で披露した。こうして商業主義とハイアートとの境界はさらに崩れていくことになった。

ルイ・ヴィトン在任中、ジェイコブスはファッションとアートという2つの世界をまたぐべきとする創業者の意向を継承しようと努めた。自身も熱心な現代アート収集家であり、がらんとしたギャラリー空間の威圧的な空気もよく理解している。仕事を始めた当初について彼はこう語る。「僕の印象では、超のつくセレブや金持ちだけが何かしらアートのある生活をしていた」。[7]　この壁を打ち破るため、ジェイコブスはルイ・ヴィトンのコラボ企画を使ってファッションという親しみやすいメディアで芸術家の作品をより広い層に伝えようとした。日本の前衛アーティスト草間彌生とのコラボレーションをふり返り、彼はこう語った。「現代アートが広がり……環境が変わっていくのは素敵なことだ。それは芸術に関心がなくアートギャラリーに足を運ぶことのない多くの人に、ヴィトンの視点を通して作品を鑑賞し理解する場を提供することになる」[8]

前ページ：アイコンのモノグラムに
スティーブン・スプラウスのアートを重ねたバッグ「スピーディ」。
ルイ・ヴィトンのスティーブン・スプラウス・トリビュート・コレクションより、
2009年

ヴェルサーチ×ティム・ロロフス

Versace & Tim Roeloffs

1997年の兄ジャンニの死後、ドナテッラ・ヴェルサーチはブランドのクリエイティブディレクターとして、またヴェルサーチ社の副社長として、まさにイタリアン・セクシーと評されるプレタポルテコレクションを毎シーズン展開し、兄が1978年に立ち上げたブランドの栄光を取り戻すまでに再興した。ビジネス的にも評価的にも大成功を収めたプロジェクトのひとつに、オランダ出身でベルリンを拠点とするコラージュアーティスト、ティム・ロロフスとの限定コラボレーションがある。ドナテッラの依頼でロロフスが創作した12型のプリントは、2008年秋冬レディスウエア・コレクションの4着のドレスとして再現された。ロロフスは彼の代名詞でもあるブリコラージュの手法を使い、自身が撮影したベルリンの写真をヴェルサーチの過去の広告写真に文字どおり切り貼りしてコラージュをつくり上げた。プリントデザインは完全にロロフスに一任され、1960年代の壁紙などジャンニ・ヴェルサーチ個人の好みに関しても詳細な資料が与えられた。ベルリンの硬質なイメージは、ヴェルサーチお得意の華麗でセクシーなスタイルや古代ローマへの愛着（ブランドロゴはメデューサの頭）からの脱却を意味したが、ロロフスはこうも説明する。「ドナテッラがベルリンをテーマにしたがったのは、ジャンニの大のお気に入りだったから」。[9]　完成したのは、ピンク、パープル、イエローといった蛍光色に断片的な建物の外観とネオクラシックな調度品がデジタルプリントされたシルクドレスだった。活気に満ちたバロック様式の壮麗さはまさにヴェルサーチの世界である。アーティストとブランドの両者が野心的に共同制作に臨んだ結果、双方に新たな顧客をもたらした。

「仕上がりにはとても感動した。
コラージュ写真を
服にどう落とし込むのか
見当もつかなかったから。
見事に表現されただけでなく
私の作品の奥行きまで再現されていた」

ティム・ロロフス[10]

次ページ：ティム・ロロフスのプリントを取り入れたドレス、
ヴェルサーチ2008年秋冬

BERLIN

132 —
コラボレーション

プリングル・オブ・スコットランド×リアム・ギリック

Pringle of Scotland & Liam Gillick

1815年創業のプリングル・オブ・スコットランドは、世界でも屈指の老舗高級ブランドだ。20世紀半ばにグレース・ケリーやブリジット・バルドーなど有名スターが愛用したアーガイル柄とツインニットで知られるが、どちらも1934年からチーフデザイナーを務めたオットー・ワイズの作品である。この長い歴史はブランドにとって強みであり、同時に課題でもあった。プリングルはその歴史に現代の視点をプラスしようと、カラフルなアクリル作品で知られる、ターナー賞ノミネート作家で英国人アーティストのリアム・ギリックを招き、デザインディレクターのアリステア・カーとともに小物とニットのカプセルコレクションを創作した。2011年11月にアートバーゼル・マイアミビーチで披露された「LIAMGILLICKFORPRINGLEOFSCOTLAND」では、ギリックの抽象的な色の配列から着想した、鮮やかなカラーに黒とグレーを斜めに配したクラッチバッグ、旅行用バッグ、トートバッグ、iPadケース、財布、そしてカシミヤニット2型などを展開した。このカプセルコレクションでは、ギリックは2011年ロンドン・ファッションウィークのレディスランウェイに設置するベンチシートもデザインした。観客用の真っ白なベンチの端から端まで、当時出版予定の書籍『Construction of One《個の創出》』から抜粋した文章が黒いビニール文字で刻まれた。さらに彼は店頭での商品ディスプレイ用に、大胆なカラーブロックの什器デザインも手がけている。このプロジェクトは由緒ある老舗ブランドを活性化し、現代的な空気感を取り戻させることに成功した。

プリングルは、ブランドが求めるエッジな感覚と伝統的なスコットランドの価値観の両方を体現できる女優、ティルダ・スウィントンと3度にわたるコラボレーションを実現した（スウィントンはロンドン生まれだが、スコットランド名家の子孫であり、長年スコットランド高地地方で暮らしている）。2011年、彼女はスコットランド人アーティストのジム・ランビーと並んでプリングルの広告キャンペーンを飾った。グラスゴー芸術大学を背景にスイスの写真家ヴァルター・ファイファーが撮影したビジュアルは、ブランドのターゲット層をさらに拡大し、カーディガン姿の典型的な顧客イメージを打ち破った。

上：アーティストのリアム・ギリックとデザイナーのアリステア・カーによるカプセルコレクション「LIAMGILLICKFORPRINGLEOFSCOTLAND」のカーディガン、2012年

プリングル・オブ・スコットランドは
現代美術と深くかかわっている。
創業195周年記念には
サーペンタイン・ギャラリーと提携し、
リチャード・ライトやダグラス・ゴードンなど
スコットランドを代表する芸術家と
幅広くコラボレートして
我々の伝統に対する彼らの声を取り入れた。
リアム・ギリックとのプロジェクトは
その延長上にある。
アート界との真の共同制作を
我々は誇りに思う

ブノワ・デュヴェルジェ
プリングル・オブ・スコットランド常務取締役[11]

カプセルコレクション
「LIAMGILLICKFORPRINGLEOFSCOTLAND」の
店舗ディスプレイ用にリアム・ギリックがデザインした什器、2012年

135 —
プリングル×リアム・ギリック

サムシングエルス×ジュリー・ヴァーホーヴェン

Something Else & Julie Verhoeven

オーストラリアのブランド、サムシングエルスの2012年春夏コレクションでは、英国人アーティストでイラスト作家のジュリー・ヴァーホーヴェンが描いた独創的な一連の作品が服のうえにデジタルプリントされている。ファッションとの共作が多いことで知られるヴァーホーヴェンは、これまでルイ・ヴィトン、マルベリー、ピーター・イェンセン、ロエベなどと手を携えてきた。だが、幅広い解釈の自由が与えられたという点で、サムシングエルスとのコラボレーションは特別だった。このやり方についてブランドの創設デザイナー、ナタリー・ウッドは、「私はただアイディアを出すだけ。その先はアーティストに形づくってもらう」[12] と説明する。ウッドは最初に「自由奔放な女性が砂漠を旅する」という漠然としたテーマを考え、次にオーストラリア出身でニューヨークを拠点に活動するライターのインディゴ・クラークに、コレクションに添えるいくつかの短編ストーリーを展開させた。それをアイディアのひとつとしてヴァーホーヴェンに送ったのだ。ウッドはこう語る。「指示を与えたのではなく、ただ心に浮かんだものをイラストにして欲しいと依頼した。彼女の創造力を100パーセント信頼していたから」

「私はただアイディアを出すだけ。
その先はアーティストに
形づくってもらう」

ナタリー・ウッド

上、前ページ：ジュリー・ヴァーホーヴェンのイラストをプリントした
ドレス（上）とオーバーシャツ（前ページ）、
サムシングエルス2012年春夏

インタビュー：
パメラ・イーストン&リディア・ピアソン
イーストン・ピアソン

Pamela Easton & Lydia Pearson, Easton Pearson

上、次ページ：スティーブン・モックの
アートデザインを取り入れたドレス、
イーストン・ピアソン2008年春夏

オーストラリア発のブランド、イーストン・ピアソンは、創業デザイナーのパメラ・イーストンとリディア・ピアソンが数々の旅で出会ったハンドクラフトの技巧やテキスタイルを用い、アジア太平洋諸国のイメージを織り交ぜて描いた作風で知られる。さらに、スティーブン・モック、グレアム・デーヴィス、上野二九年《ふくとし》などオーストラリアの芸術家とのコラボレーションも特徴的だ。2009年には、20年余りの歴史をふり返る回顧展がブリスベンの現代アートギャラリーで開催され、コレクションの基盤となる文化、着想、技巧の交錯に光を当てながら、20年にわたって芸術的な美が開花し、熟成し、変容した軌跡を映し出した。

アリソン・クーブラー（以下AK）：*分野を越えてコラボレートしようと思ったきっかけは？*

イーストン・ピアソン（以下EP）：視覚芸術とファッションは別物、つまりどちらにも違ったスキルが必要です。表面的な装飾はある程度できても我々は画家ではありません。インドでは、思い描くペイントを実現させるために腕のいい職人を探しました。スティーブン・モックと仕事をしたのは、彼の描く美がまさに我々がコレクションで表現したかったもの、不完全でピュアな我々のスタイルに合うものだったから。自由でやわらかな筆使い、大胆な色彩とライン、その遊び心とウィットが気に入りました。インドの職人との協働では形と色彩について伝えるだけ。指示を出すのではなく、彼らの自由裁量に任せています。

AK：*よいコラボレーションがファッションにもたらすものは何だと思いますか？*

EP：コラボレーションとは、異なる視点を取り入れてデザインの幅を広げること。我々にはビジョンがある。そこに別の誰かが加わり表現してもらうと特別なものが生まれます。

AK：*コラボレーションで難しいのは、人のスタイルを取り込むリスクでしょうか？*

EP：一緒に仕事をしたアーティストとはとてもいい関係を結べたという点で幸運でしたね。スティーブンは気取ったタイプの芸術家ではないので、スムーズに話ができました。ウィットとユーモアに富んだ彼の線画をベースに、手の込んだビーズ刺繍などの贅沢な技法を使って作品を仕上げています。

AK：*では、芸術家とのコラボレーションによって生まれた作品はアートでしょうか？*

EP：ファッションとアートはイコールではありません。ただアートの定義にもよるのでは？境界はあいまいになっています。かつては芸術といえば、個人の精神や身体や魂から生み出されるものでした。でも今はいろいろな意味で違ってきています。ですからデザイナーが何を意図するか、それ次第だと私は思います。

AK：*商業主義だという理由で、昔からファッションは芸術とは見なされてきませんでした。コラボレーション企画において商業的な目標は重要でしょうか？*

EP：何着売らなければ、という考えで仕事に臨むことはありません。それだけはしたくない。甘いかもしれませんが、自分たちで経営権を握っていられるのは贅沢でもあります。

AK：*ただ、ご存じのようにコラボレーションの人気はすごいですよね。*

EP：もちろん。ファッションだけでなく、映像、舞踊、音楽の世界にも見られます。インターネットを通じて人とつながりやすくなったのが一因かもしれないし、誰もが常に刺激を求めていて、人と一緒の方がいい結果が生まれるということなのかもしれません。

コーチ×ヒューゴ・ギネス、ジェームス・ネアーズ

Coach: Hugo Guinness & James Nares

1941年創業で現在もニューヨークに本社を置く米国高級皮革ブランドのコーチは、女性用のハンドバッグ、旅行バッグ、小物などで知られ、ニューヨークの高級住宅街に住む顧客層のイメージから比較的コンサバティブなブランドと見られてきた。このイメージを払拭しようと、コーチは2012年初めにヒューゴ・ギネスと手を組んだ。ギネスはロンドン生まれでニューヨークを拠点とし、木版画やリノリウム版画で知られるアーティストだ。このプロジェクトでギネスは4種の限定モチーフ(コーヒーカップ、サングラス、キーリング、タイヤの跡)をデザインした。「コーチはニューヨークのブランドだから、毎日NYの街で見かけるものを題材にした」とギネスは語る。[13] モチーフをプリントした17型のバッグ&小物コレクションは若い世代のターゲット層にアピールしている。

ギネスによるコレクションの成功を受け、コーチはジェームス・ネアーズとともに限定のカプセルコレクションを展開した。ネアーズは、英国生まれでニューヨークを拠点とし、映像や音楽などを媒体として表現するアーティストだ。コーチはネアーズが描いた5色のブラシペイントを、定番のキャンバス・トートバッグに落とし込んだ。プリント自体はネアーズの既存作品ではあるが、コーチはバッグの構造に大幅な変更を加えて縫い目を片側にまとめ、アートの流れを邪魔しないようにした。各色175個限り、シリアルナンバーとネアーズのエンボスが施された限定コレクションでは、彼の代名詞であるブラシストロークが軽やかに表現されている。

「このバッグが目の前を横切ったら、
絵画が動き出したような
印象を受けるでしょう。
これはアート作品そのものですから」

コーチのグローバル・ブランド・コミュニケーション&
コラボレーション部門上級副社長、
ジェイソン・ワイゼンフェルド

ジェームス・ネアーズのアートデザインを取り入れた
各色限定175個のトートバッグ、コーチ2012年

上、次ページ：ヒューゴ・ギネスのアートデザインを取り入れた
レザー財布（上）とトートバッグ（次ページ）、
コーチ2012年

143—
コーチ

マルニ×リチャード・プリンス、ゲイリー・ヒューム、クロード・カイヨール

Marni : Richard Prince, Gary Hume & Claude Caillol

上、次ページ：ゲイリー・ヒュームのアートデザインを取り入れたシャツ、マルニ2010年秋冬
146-47ページ：ピーター・ブレイクのアートデザインを取り入れたタンクトップ、マルニ2009年春夏

1994年に設立されたイタリアのブランド、マルニは毎シーズンの既製服コレクションのほか、バッグ、アイウエア、アクセサリーなどの小物を展開している。大胆なプリントと色使いが特徴のコレクションは、カジュアルで控えめながら時折エキセントリックな表情のエレガンスを見せる。こうしたマルニの美学は、チーフデザイナー、コンスエロ・カスティリオーニ自身の趣向を反映する選り抜きの芸術家や音楽家、イラスト作家などとの長年のコラボレーションを通じてさらに進化していった。アートプロジェクトの作品が公式サイトに一覧として大きく掲載されているのは、マルニブランドにとってその重要性の表れだろう。

2007年、マルニはアメリカの画家で写真家のリチャード・プリンスと協働し、水彩画のイラストシリーズをTシャツで再現した（2007年春夏&秋冬）。収集家に大人気のアーティストとさりげなく手を携える手法から、マルニの自信と文化的成熟度がうかがわれる。2010年秋冬コレクションでは、イギリスの画家ゲイリー・ヒュームとともに一連のコットンプリント・トップスを展開した。ターナー賞ノミネート作家のヒュームは、ポップアート感覚の造形をシンプルな色使いの抽象画に仕上げた。後にこのコレクションはメディアに掲載され、（多くはファッション誌から得た）ヒュームのインスピレーションが原点に帰結するという意義深いコラボレーションとなった。

2010年秋冬の「プラスティックコレクション」は、フランス人アーティストで家具デザイナーのクロード・カイヨールとの共同制作によって誕生した。リサイクルのショッピングバッグをキャンバスにした作品で知られるカイヨールは、その手法を巧みに用い、マルニがショッピングバッグとして使用しているプラスティックバッグにイラストを手描きした。このアートが、より耐久性の高いビニール素材にレザーの持ち手をつけたトートバッグを飾ることとなった。こうしてリサイクルや使い捨てとは対極にあるコレクター垂涎の逸品を生み出すことで、マルニは自ら荷担している消費者文化の本質に悪戯っぽく一石を投じたのである。

147 —
マルニ

148 —
コラボレーション

エルメス×エルヴィン・ヴルム

Hermès & Erwin Wurm

オーストリアの芸術家エルヴィン・ヴルムの彫刻へのアプローチは、間違いなく非伝統的だ。ヴルムは、脈絡のない日常の素材と人間とを組み合わせた3次元の作品を写真にした代表作 “One《1》 Minute《分》 Sculptures《彫刻》” シリーズで知られる。この作品は、彫刻を記念碑的に扱う伝統へのウィットに富んだ反論である。シルクスカーフと皮革製品で有名な由緒あるフランス高級ブランド、エルメスとのコラボレーションは、彼の作品と同様に意外性に満ち、その組み合わせの妙こそが魅力となっている。

たとえばルイ・ヴィトンのように、定期的にアーティストを迎え入れては定番デザインを再構築してモダニティを保とうとするほかの老舗ブランドとは対照的に、エルメスは純粋に芸術作品の共同制作というスタンスを好む。したがって作品のなかでは、エルメスの商品と芸術家によるプレゼンテーションが対話形式を成す（もっとも同社はシルクスカーフにアート図柄をのせる商品ベースの共同制作にも長い歴史を持っている）。2008年、エルメスのメンズ部門アートディレクター、ヴェロニク・ニシャニアンに招かれたヴルムは、エルメス商品を身につけた人物像を1分彫刻スタイルで表現する、不条理でウィットに富んだ写真シリーズ “Monde Hermes《エルメスの世界》” を創作した。ある写真では、バーキンを手にした男性が馬の背に立っている。これは勝利のポーズを取る典型的な騎馬像に対する倒錯的な発想だ。別の写真では、優雅なサロンに腰掛けた男性が、頭のうえにエルメスの花器を危うげにのせて体勢を保っている。これらの作品はエルメスの店内に展示され、まわりには、ズボンと靴をはいた1本の脚が鏡に反射したような像や、従来のマネキンの形、ひいては人間の身体さえも曲解した、四角いジャケットの胴体と脚だけの像など、シュールな作品が並置された。エルメスが求めるコラボレーションの様式に準じて、これらの写真や影像はあくまでも宣伝媒体ではなく純粋に芸術作品と見なされた。ヴルムは「エルメスで広告作品をつくったことは一切ない」と語る。「広告用に使用される作品もひとつもありません。（店内）ディスプレイとエルメスが制作するマガジンでの使用に限定されます」[14]

ヴルムは、21世紀のアートとファッションの親和性が、エルメスとのコラボレーションを決断させたと感じている。「ファッションはアートとの親密度をかなり高めているし、アートの世界はファッションに染まっている。私から見れば、アレキサンダー・マックイーンのようなデザイナーはすばらしい芸術家です」。さらに、それまで無縁だったトップブランドとの仕事自体が、芸術面でのインスピレーションになったという。「純然たるラグジュアリー業界でのエルメスの地位に驚きました。いかに現実離れした世界か、当初は想像さえできなかったほど。商品ラインのなかでも驚かされたのが、いわゆる “フーディ。” もちろん若者による抗議運動と同じ意味のフードつきスエットパーカーです。素材はナイル川のクロコダイルで、価格は何と1着8万ユーロ。もう言葉はいらない、ただ飾っておけば十分だと。私の仕事もまさに同じだと気づき、非常に興味深く感じました」

次ページ：エルヴィン・ヴルムの “The Anarchist（無政府主義者）”。
“Monde Hermes（エルメスの世界）” シリーズより、2008年
150-51ページ：エルメスの店内ディスプレイ用につくられた
エルヴィン・ヴルムの作品。
“Untitled（無題）” シリーズより、2008年

151—
エルメス×エルヴィン・ヴルム

Eye candy and ideas: Fashion as exhibition

美と知の競演：展示としてのファッション

前ページ：「Waist Down－スカートのすべて」展、
2009年ソウル「プラダ トランスフォーマー」内のパビリオン

概説：美と知の競演

「ジャンポール・ゴルチエのファッション・ワールド：ストリートからランウェイまで」展、2011年モントリオール美術館

「ルイ・ヴィトンーマーク・ジェイコブス」展、2012年パリ・装飾美術協会モード・テキスタイル博物館

シンプルにいえば、服飾展とは見た目の美しさと発想力とが一体化したものである。ファッションにはいろいろな意味で鑑賞者とつながる独特な力がある。その劇的で壮大なアプローチはファッション関係者だけでなくあらゆる人を服飾展へといざない、圧巻のスペクタクルを体験させる。もっと深い意味を探れば、ファッションは身体という誰もが理解できる形を利用したひとつのアートでもある。美しいものと知的なもの、その両方を見たいという欲求は21世紀を迎えて着実に高まり、その結果、伝統的な芸術の場において数多くの服飾展が開催されてきた。

2011年にニューヨークのメトロポリタン美術館で開かれた回顧展、「アレキサンダー・マックイーン：野生と美」への反響はすさまじかった。来場者数65万人超という、さまざまなジャンルのアート展のなかでも空前の数字をたたき出したのだ。ブランド創設者の自殺、そして2011年4月にケイト・ミドルトンが英ウィリアム王子との結婚式でアレキサンダー・マックイーンのデザイナー、サラ・バートンのドレスを着用するなど、すでにこのときブランドの知名度は最高潮に達していた。だが同展はファッションの文化的価値を測るリトマス試験紙となり、ファインアートの文脈で服飾展がドル箱になることを証明して見せた。このほかにも2009年以降、単独のデザイナーやブランド（ジャンポール・ゴルチエ、クリストバル・バレンシアガ、クリスチャン・ルブタン、イヴ・サンローラン、マダム・グレ、フセイン・チャラヤン、ロダルテ、コムデギャルソン、クロエなど）をテーマにした数多くの回顧展が美術館で行われ、成功を博している。これらのモード展は、ファストファッションやストリートファッションとは対極にある、ディテールへの厳格なまなざしと卓越した職人技で知られるデザイナーに焦点を当ててきた。アートの世界におけるファッションの新しいポジションを語るうえで、この線引きは重要である。

ファッションがアート界で新たに得た信頼性というテーマに直接踏み込んだ展覧会がある。2009年にロッテルダムのボイマンス・ファン・ベーニンゲン美術館で開催された「アート・オブ・ファッション：インストーリング・アリュージョン」展だ。著名な服飾史家のジュディス・クラークとヨセ・テュウニッセンがキュレーションを手がけた同展では、世界各国のアーティストや前衛デザイナー25組による作品が展示された。なかでもヴィクター&ロルフ、フセイン・チャラヤン、ウォルター・ヴァン・ベイレンドンクは（アナ・ニコル・ゼーシュ、ナオミ・フィルマとともに）5組のキーデザイナーとして招聘され、今回のために新たな作品を制作した。インスタレーションを模した展示では、マネキンに服を着せる既存の発表形式をできるだけ避け、ファッションと現代アートを同列に置くことで両者のあいだ

上：「スキャパレリ&プラダ：インポッシブル・カンバセーションズ」展、
2012年ニューヨーク・メトロポリタン美術館
コスチューム・インスティチュート

に見られる文化的な溝を巧みに埋めている。

建築の世界に「スター建築家」と呼ばれる面々が存在するのと同様に、新たに批評性を得たファッションの世界はいわゆる「イット」キュレーターによって先導されてきた。筆頭となるのは、ニューヨーク・メトロポリタン美術館コスチューム・インスティチュートのアンドリュー・ボルトン、ニューヨーク州立ファッション工科大学美術館のヴァレリー・スティール、パリのモード・テキスタイル博物館のパメラ・ゴルビンなどだ。こうした美術館で開催される新しいタイプの服飾展は、おもに領域横断的なデザイナーの活動にスポットを当て、しばしばアーティストや映像作家、スタイリスト、建築家とのコラボレーションによる作品をダイナミックかつ斬新な発表形態で披露する。たとえば2009年に帽子職人のスティーブン・ジョーンズがキュレーターを務めた、ロンドンのヴィクトリア&アルバート博物館の巡回展「帽子：スティーブン・ジョーンズによるアンソロジー」展。ここではジョーンズ自身の作品を含む数々の名作帽子がまるで温室花のようにガラスの陳列棚にディスプレイされ、帽子はアート作品であるとともに社会史を映す重要な工芸品であることを物語っていた。

服飾展がモード界の枠を越えて美術館やギャラリーというアー

「ファッションが
軽薄だなんてとんでもない。
服にはいつだって
何らかの意味がある」

服飾史家ジェイムズ・レイヴァー [1]

次ページ：「21世紀のアズディン・アライア」展、
2011年オランダ・フローニンゲン美術館

「ジャンポール・ゴルチエのファッション・ワールド：
ストリートからランウェイまで」、
2011年モントリオール美術館

トの本流へと場を移すにしたがって、その発表形態もファッションの伝統的なそれとは趣を異にするようになった。たとえば人の身体を想起させるマネキンは、服を支える什器としても表現の媒体としても必要不可欠な存在だ。クラークによれば、マネキンに着せた姿を見て、人は服を買うか否かを無意識に品定めするという。これはほかのジャンルのアートには見られない反応だ。「大抵は直感で見分けられる。この服が好きか？　着るだろうか？　好みやスタイルに合っているか？　時期はどうか？　期待どおりの商品か？　実際に服を着てみなくても、想像できてしまうのだ。我々は自分自身のスタイル辞典を紐解きながらデザイナーの作品を評価する。斬新か、セクシーか、ゴージャスか、という問いに独自のルールで答えを出す。ファッション以外のアート作品にはこんな判断は下せない」。[2]　だとすれば、街中での買い物を今さらながら連想させるマネキンを、美術展のデザインの枠組みのなかでどう使うか？　これがキュレーターにとってのジレンマである。2008年にロンドンのバービカン・アートギャラリーで大々的に行われた回顧展「ザ・ハウス・オブ・ヴィクター&ロルフ」では、この課題へのユニークな解決策が提示された。マネキンの3分の1サイズの人形に服を着せ、オランダ人デザイナーデュオがつくる代表的オーダーメイド服のミニチュア版として巨大なドールハウスに飾ったのだ。あえて矮小化することで通常の服飾展示の発想を覆し、オートクチュールの不合理さに光を当てながら遊び心たっぷりにアート作品として展示したのである。

ソウルで開催された
一夜限りのインスタレーションイベント「Infinite Loop　無限の輪」、
カルバン・クライン2012年秋冬

ジョナサン・ジョーンズによる光のインスタレーション、
カルバン・クライン2009年春夏のプレゼンテーションより。
2008年シドニー・コッカトゥー島

こうした話題の服飾展人気に触発され、ブランド店舗の佇まいはますますアートギャラリー化あるいはミニチュア美術館化している。その結果、かつてアートとファッションのあいだに存在した、一部の批評家いわく「創作」と「商売」のあいだに存在した境界線はあいまいになった。昇華された空間は誰に対しても門を開き、商品は芸術作品さながらに台座やアクリルケースに飾られるか、サロンのように美しく壁にレイアウトされる。アートギャラリーとブティックの意匠的な類似は、芸術鑑賞とショッピングはどちらも現代の娯楽であり、発想なり商品なりを購入する営みだという現実を表象している（その意味でミュージアムショップは美術館に不可欠である）。

21世紀におけるファッションとアートの接近を語るうえで見逃せないもうひとつの点は、現代アートと伝統芸術、その両方の重要なスポンサーとしてファッションブランドが台頭していることだ。2012年、サルヴァトーレ・フェラガモはパリのルーブル美術館で大規模に行われたレオナルド・ダ・ヴィンチ展を後援し、芸術家のパトロンというかつての慣習を復活させる先鞭をつけた。ルーブルは多額の資金援助の返礼としてフェラガモに同館でのショーの開催を許可した。神聖なるドゥノン翼のホールには全長120メートルのランウェイが設置され、世界的権威ある美術館で初の大々的ファッションイベントが開催されたのである。同じく2012年には、ルイ・ヴィトンがロンドンのテートモダンで行われた草間彌生の巡回展のスポンサーとなり、ヴィトンのコラボレーション相手でもある前衛日本人アーティスト草間の知名度をいっそう高めた。またイタリアのプラダも芸術活動を広く後援するファッションブランドとして知られ、ミラノとヴェネツィアに展示スペースを有するプラダ財団を介して数々のアートプロジェクトを経済支援している。ルイ・ヴィトンとは異なり、プラダは伝統的にコラボレーションよりも芸術家が手がける作品のプロジェクト支援という形を好む。たとえばパリのイエナ宮内に24時間限定でオープンしたフランチェスコ・ヴェツォーリの“24Hr Museum《24時間美術館》”（2012年）などがそうだ。ヴェツォーリはこれを「過去の作品をふり返る回顧展を模したセルフパロディ」だと語っている。[3]

本章では、アートの文脈におけるファッションの活動の広がりを、クリエイション、キュレーション、そしてアート支援の視点から概観する。世界的な有名ファッションキュレーターが本書インタビューで語っているように、21世紀はファッションにとってきわめて重要な転機となる。潤沢な財力、躍動感あふれる表現力、新たな層を美術館に動員する集客力。これら生得の武器を持つファッションには、芸術界のヒエラルキーが変わりゆく今、影響力ある存在として精査と称賛の両方の目が向けられている。

インタビュー：
アンドリュー・ボルトン
メトロポリタン美術館
コスチューム・インスティチュート
（ニューヨーク）

Andrew Bolton,
The Costume Institute at The Metropolitan Museum of Art, New York

ニューヨークのメトロポリタン美術館コスチューム・インスティチュートは、世界でも屈指の服飾コレクションを有する機関といえるだろう。この研究所は、『ヴォーグ』の元編集長ダイアナ・ヴリーランドが1972年から亡くなる1989年まで特別コンサルタントを務めたことでも知られる。彼女はさまざまな手法で、「ファッションを展示する」というコンセプトを普遍的なものにした。キュレーターのハロルド・コーダとアンドリュー・ボルトンが率いる同研究所は、これまで服飾展のグローバルスタンダードを打ち立ててきた（2011年の「アレキサンダー・マックイーン：野生と美」展ではメトロポリタン美術館の来場者数ベスト10に入る66万1,509名を記録している）。マックイーン展に代表されるデザイナーの単独展から、2人の伊デザイナー、ミウッチャ・プラダとエルザ・スキャパレリの親和性を追求した「スキャパレリ&プラダ：インポッシブル・カンバセーションズ」展（2012年）のような企画展まで、その主題は多岐にわたる。

アリソン・クーブラー（以下AK）：*まず一般的な質問ですが、ファッションは美術館という場に自然に溶け込むと思いますか？*

アンドリュー・ボルトン（以下AB）：そう思います。ファッションとは、ただ服の着用性や実用性を意味するだけでなく、アイディアやコンセプトを具現化するものでもあります。たとえばフセイン・チャラヤンやアレキサンダー・マックイーンといったデザイナーは、ファッションを介してジェンダー、アイデンティティ、政治、宗教を語っています。つまり、ファッションとはアイディアを体現する手段なんです。それはアートも同じ。だから美術館にはファッションの場がある。ファッションはアートのひとつの形だと思います。たとえばオートクチュールの手仕事には、精緻を極めた職人技が見られるでしょう。それこそがファッションという芸術です。だから、背景にあるアイディアやコンセプトも含め、私にはアートとファッションが一線を画するとは思えないんです。ファッションは、誰にでも親しみやすいという点で重要なアートの形でもあります。威圧的でもないし、ほかの芸術表現よりなじみもある。服は毎日身につけるものだから、ファッションを理解するのに特別な知識も必要ありません。

「スキャパレリ&プラダ：インポッシブル・カンバセーションズ」展、
2012年ニューヨーク・メトロポリタン美術館コスチューム・インスティチュート

Miuccia Prada
Dress, autumn/winter 2008–9
Orange and black ombré silk ottoman
with collar of nude stretch silk
Courtesy of Prada
Elsa Schiaparelli/Antoine
Wig, ca. 1933
Photograph of Elsa Schiaparelli by Man Ray,
ca. 1933
© 2012 Man Ray Trust/Artists Rights Society (ARS),
New York/ADAGP, Paris

下、164－165ページ：「アレキサンダー・マックイーン：野生と美」展、
2011年ニューヨーク・メトロポリタン美術館コスチューム・インスティチュート

AK：*最近よく見られるアーティストとデザイナーのコラボレーションについて、どう思いますか？*

AB：大半は独創性に欠けます。十分に練られておらず、アートとファッションの議論を広げるものでもありません。それに単純すぎる。デザイナーはファッションの地位を上げるために芸術家と協働する必要などないでしょう。私は、ファッションはアートのひとつだと思っていますから。ただし、マーク・ジェイコブスのルイ・ヴィトンと村上隆のように、ファッションもアートも商品ではないかという主題に焦点を当てた興味深いコラボレーションもあります。

AK：*マックイーン展への反響には驚きましたか？*

AB：もちろん。何もかもが特別でした。亡くなった直後の開催には感慨深いものがありました。メゾンとは直接やり取りをしたいと心底思い、それが実現しました。サラ（・バートン、アレキサンダー・マックイーンのクリエイティブディレクター）にはマックイーンのデザイン工程について聞きたかったんです。彼の仕事ぶりを知る貴重な経験でしたよ。ショーの

プロデュースを担当したサム・ゲインズベリーはランウェイに対するマックイーンの考えを聞かせてくれたし、彼が最初に雇ったトリノ・ヴェルカーデはビジネス面を語ってくれた。彼らと話ができたのが何よりでした。マックイーンのすごさは、ファッションを介して見る人の感情を喚起し突き動かしたこと。作品が好かれても嫌われてもいい、ただ反応を見たい、それがマックイーンのスタンスでした。作品に取り組む彼は異次元の世界にいるようで、貝殻や巨大な羽などファッションの文脈から外れたフェティシズム的な素材を使っています。驚いたのは来場者の反応です。存命中ならばそれほど感情移入されなかったかもしれないし、彼の死によって感極まったのかもしれません。とはいえ、ファッションを通じて伝わる彼の純粋な視線に人は感動したのだと思います。

AK：*こうした展覧会によって伝統ある美術館という場でのファッションの見方が変わると思いますか？　アート空間にファッションを持ち込む難しさは軽減されるでしょうか？*

AB：難しいのは美術館自体ではなく批評家です。とくにアメリカでは芸術界のヒエラルキーでファッションは最下層。それで偏見があるんです。「ファッションはアートだ」とか、「ファッションはポストモダニズム作家などのアーティストと同じ芸術表現を引用しているのだから、美術館に置く価値がある」と批評家たちに主張し続けなければならないのは大変ですよ。だから、幅広いデザインの文脈にファッションが持ち込まれたという事実が非常に嬉しいです。

AK：*展覧会を行う価値のあるデザイナーとは？*

AB：我々が目を向けるデザイナーの多くは、仕立て技術、服の構造、あるいは概念など、何らかの形で新しいファッションを切り拓いた人たちです。重要なのはファッション史に貢献したデザイナーか否か。たとえばココ・シャネル、クリストバル・バレンシアガ、ジャンニ・ヴェルサーチ、アレキサンダー・マックイーン、フセイン・チャラヤン、ジョン・ガリアーノ。形は違えどファッションの境界線に挑んだデザイナーです。チャラヤンは概念に、マックイーンは構造に取り組んだ。どのデザイナーもそれぞれの手法でファッションを前進させてきました。一方プラダ&スキャパレリ展は違ったアプローチを取っています。形状よりもコンセプトの類似性に注目することで、ファッションを介して美やスタイルの概念を表現したデザイナー２人の対話をつくり上げました。共通項を持った２人による架空の対話を実現させたかったんです。これは過去と現在という時空を越えて成立する対話でもあります。

AK：*そもそもこの10年間でアートとファッションがこれほど接近した理由は何でしょう？*

AB：ファッションには、性差、政治、身体について語る力がある。そのことに人が気づいたんだと思います。アーティストとデザイナーが主題を共有しているのは、両者の境界線が崩れた証拠。現代文化にファッションが不可欠だと多くの人はわかっています。ファッションは目の前の出来事にすばやく反応する、時代を映す鏡ですから。

「*ファッションは*
目の前の出来事にすばやく反応する、
時代を映す鏡ですから」

アンドリュー・ボルトン

top
Shaun Leane for Alexander McQueen
Nose Bar and Hooped Neckpiece, Eshu,
middle
Philip Treacy for Alexander McQueen
"Chinese Garden" Hat, It's Only a Game,
spring/summer 2005
Carved cork
bottom
House of Givenchy Haute Couture
Chopine, Eclect Dissect,
autumn/winter 1997–98
Red and black leather
Courtesy of Alexander McQueen
bottom
Chopine, pre-collection
autumn/winter 2006–7
Red silk satin embroidered with black and
white silk thread
Courtesy of Alexander McQueen

Silver-plated metal
Philip Treacy for Alexander McQueen
Headdress, The Girl Who Lived in the Tree,
autumn/winter 2008–9
Wood
Courtesy of Philip Treacy
Film from What a Merry-Go-Round,
autumn/winter 2001–2
House of Givenchy Haute Couture
Dress, The Search for the Golden Fleece,
spring/summer 1997
Gold leather

ミウッチャ・プラダ「Waist Down－スカートのすべて」展

'Waist Down – Skirts by Miuccia Prada'

「Waist Down－スカートのすべて」展は、ミウッチャ・プラダが1988年にデザインしたプラダの初コレクションを含む、200を超えるスカートを展示した巡回展だ。キュレーターを務めたのは、長年コラボレーションをしている建築家、レム・コールハースの建築事務所OMA（Office for Metropolitan Architecture）の研究機関AMOの太田佳代子である。同展は、東京、上海、ニューヨーク、ロサンゼルスのエピセンターを巡回後、2009年にソウルで行われたコールハースとの協働プロジェクト、プラダ トランスフォーマー（280ページ参照）でも披露された。展示されたスカートはもはや売り物ではない。つまり店舗内での展示の目的は販売促進ではなく、ブランドが芸術として残した作品を称え、ファッションの意外性をより広く呈示することにある。このためAMOは開催地ごとのサイトスペシフィックなインスタレーションを展開した。たとえば天井から棒で吊されくるくる回るスカートは、ウエストラインから下で生じる躍動感を演出し、タペストリーのように広げられたスカートは、服を「解体する」という、20年以上世界的に支持されてきたミウッチャ・プラダの基盤をなす概念を示している。この展覧会コンセプトは、2012年にニューヨークのメトロポリタン美術館で開催された「スキャパレリ&プラダ：インポッシブル・カンバセーションズ」展にも部分的に引用された。同展の「Waist Up ／ Waist Down」セクションでは、フェミニンさの表象としてスキャパレリの装飾的なディテールとプラダのスカートへのこだわりにスポットが当てられている。

「Waist Down－スカートのすべて」展、
2009年ソウル「プラダ トランスフォーマー」内のパビリオン

クリスチャン・ルブタン展 デザインミュージアム(ロンドン)

Christian Louboutin at the Design Museum, London

ロンドンのデザインミュージアムは、1989年以来、ポール・スミス、ザハ・ハディド、ジョナサン・アイブなど、ファッション、建築、工業デザインをテーマに数々のエキシビションを開催し、現代文化の中心にデザインを据えてその創造性の豊かさを示してきた。2012年、同館はフランス人靴デザイナーのカリスマ、クリスチャン・ルブタンの英国での初の回顧展を行った。靴デザインの境界を広げ、セレブリティをとりこにした彼の20年にわたるキャリアを称えたのである。特別にしつらえた会場では、芸術、映像、旅など、ルブタンのインスピレーションを喚起した世界が繰り広げられた。白を基調とした簡素なミュージアムの内装は黒く塗装され、ネオンサインや深紅のベルベットソファが飾られた。壁にはルブタンのトレードマークである「赤」の靴型が並んでいる。バーレスクアーティストのディータ・ヴォン・ティースによるホログラムショーも行われた。ルブタン個人のアーカイヴ作品は、象徴的なレッドソールの原画をはじめとする有名な初期デザインから、初の紳士靴を含む最新コレクションまでさまざまだ。最新作の存在が店舗とギャラリー空間をリンクさせ、現代デザインの軸を成すビジネスの重要性を強調するものとなった。

168-169ページ：「クリスチャン・ルブタン」展、
2012年ロンドン・デザインミュージアム。
ネオンサインと照明によるインスタレーション（写真右、前ページ）、
赤い靴型を並べた壁（写真上）、
ディータ・ヴォン・ティースによるホログラムショー（写真下）

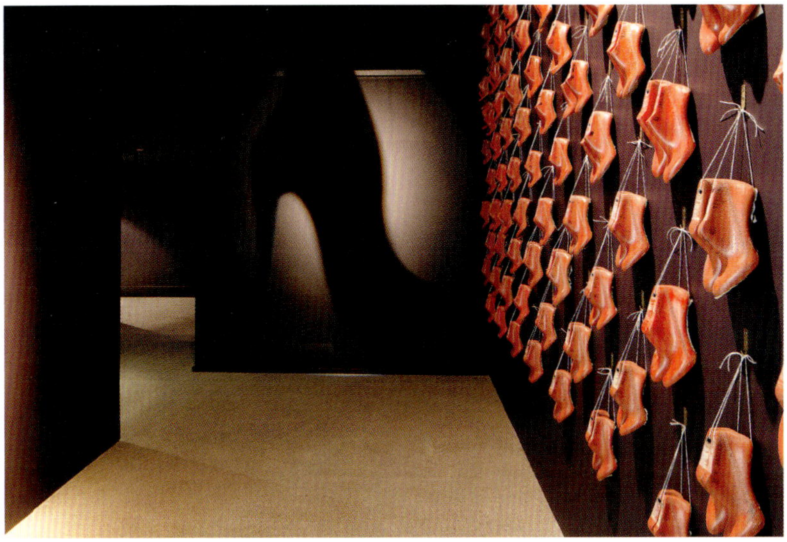

アズディン・アライア展 フローニンゲン美術館

Azzedine Alaïa at the Groninger Museum

チュニジア生まれのデザイナー、アズディン・アライア。彼は最後に残った偉大なる伝統的クチュリエのひとりと目され、展覧会のテーマとしてこれまで幾度となく取り上げられてきた。2011年にオランダのフローニンゲン美術館で開催された「21世紀のアズディン・アライア」展は、1998年に同館で、その後2000年にニューヨークのグッゲンハイム美術館で行われた展覧会の続編ともいえるものだ。グッゲンハイムでは、美術館のブラントコレクションとして収蔵される現代アート作品と等価に展示された。たとえば1990年のバンデージドレスはアンディ・ウォーホルによるスクリーンプリント“The Last Supper”《最後の晩餐》シリーズと並置され、双方が芸術的名作であることを物語っていた。異なるキュレーションで開催された3つの展覧会は、アライア作品の幅広さやアートとファッションの境界を越えた評価の高さの証である。

「21世紀のアズディン・アライア」展ではマルク・ヴィルソンがキュレーションを手がけ、2000年以降の作品がテーマ別とは違った視点で展開された。展示室はそれぞれ、ベルベット、ファー、ウール、レザー、コットン、アニマルスキン、シフォン、ニットなど、過去10年間にアライアが用いた素材の部屋となった。抽象的なテーマではなく、具体的な素材という媒体に光を当てることにより、シーズンサイクルから距離を置いたアライアの姿勢、そこから生まれた彼の裁断・仕立技術のすばらしさや象徴的なボディコンシャスの美学が見事に体現された。

左、172-173ページ：「21世紀のアズディン・アライア」展、
2011年オランダ・フローニンゲン美術館

couture été 2008
aanraken / Do not touch
couture été 2
Niet aanraken / Do n

couture été 2010

EXIT
EXIT
EXOTICISM refers to Daphne's penchant for sartorial drama. "Fashion today is becoming more beige," she says. "By that I mean everyone and everything is starting to look the same—almost like a Mao uniform. We should be flying the flag for individuality."
Alexander McQueen for Givenchy
Alexander McQueen for Givenchy

ダフネ・ギネス展 ファッション工科大学美術館 (ニューヨーク)

Daphne Guinness at
The Museum at The Fashion Institute of Technology, New York

ファッションの歴史は、デザイナーのミューズたち、つまりクチュール界の女王たちの長きにわたる歴史でもある。その代表となるのが、アンナ・ピアッジ、ルイーザ・カサッティ侯爵夫人、アイリス・アプフェル、そしてイザベラ・ブロウ。ブロウの親友だったダフネ・ギネスもまた現代モードを支持する大胆かつ創造力に富んだファッショニスタだ。彼女はアレキサンダー・マックイーンやガレス・ピューなどデザイナーへの支援だけでなく、その作品を自ら独創的に着こなすことで知られる国際的な生きるスタイルアイコンである。ギネスビールの資産継承者であり、元祖「イットガール」のひとりと呼ばれたダイアナ・ミットフォードを祖母に持つダフネ・ギネスは、宣伝のためにブランドを身につけるだけの女優とは一線を画する。とくに若手の支援には積極的で、デザイナーを個人的に後援して作品を購入する。キュレーターとしての鋭い目、そしてファッションを芸術として崇拝するその姿勢はもはや伝説的ともいえる。永眠したイザベラ・ブロウの衣装オークションを2007年に中止した逸話は有名だ。ギネスは衣装一式をまとめて保管すべきだとすべてを買い取り、イザベラ・ブロウ財団を設立して後世に向けた展示基金を集めた。

2011年、ニューヨークのファッション工科大学(FIT)美術館は、「ダフネ・ギネス」展と題した展覧会で絢爛たるギネスの私物アイテムを公開した。ギネス本人と共同でキュレーションに当たったのは、同館ディレクターのヴァレリー・スティールだ。会場では、ギネスが実際に身につけた映像や写真とともに、ニナ・リッチ、アズディン・アライア、ガレス・ピュー、リック・オウエンス、クリスチャン・ラクロワ、シャネル、ヴァレンティノを含む数百点の衣装や、フィリップ・トレイシーの帽子などの小物が展示された。初公開となる24作品をはじめ、ジバンシィ時代を含めた数々のマックイーン作品からギネスの思いが見て取れる。展示作品にはギネス自身のデザインや、『Tribute to Alexander《アレキサンダー・マックイーンに》 McQueen《捧ぐ》』などの映像作品も含まれ、衣装への彼女の関心の高さをうかがわせた。現存するひとりの女性のワードローブを美術品さながらに陳列した「ダフネ・ギネス」展。同展は、ファッショニスタやセレブリティによる支援活動が、アート収集家や美術館キュレーターのそれと同様にいかにデザイナーの仕事に影響を及ぼすかを示し、クリエイティブな営みにおけるその役割の重要性を強調していた。

前ページ：「ダフネ・ギネス」展、
2011年ニューヨーク・ファッション工科大学美術館

「ダフネ・ギネス」展よりギネスの映像作品
『Tribute to Alexander McQueen（アレキサンダー・マックイーンに捧ぐ）』、
2011年ニューヨーク・ファッション工科大学美術館

177 —
ダフネ・ギネス

インタビュー：
ケイティ・サマーヴィル
ヴィクトリア国立美術館（メルボルン）

Katie Somerville, National Gallery of Victoria, Melbourne

ヴィクトリア国立美術館は、オーストラリア最大のビジュアルアート美術館であり、国内で唯一大規模な常設ファッションコレクションを有する。ファッション&テキスタイル分野のキュレーションで国内担当のケイティ・サマーヴィルと、海外担当のロジャー・レオンが率いる服飾チームは、5名のキュレーターで構成され、通常は年間2-3回の展覧会を開催している。2009年の「トゥゲザー・アローン」展では、近隣ながら異なる文化を持つオーストラリアとニュージーランドの主要デザイナーの作品を展示し、2国間の関係性に見られるダイナミックな景観を探究した。

ミッチェル・オークリー・スミス（以下MOS）：*美術館におけるファッションの概念は、近年どのように変化しましたか？*

ケイティ・サマーヴィル（以下KS）：今は転換期だと思います。美術館での仕事を17年も続けていると否が応でも大きな変化を目にします。はっきりいえるのは、今や美術館に来ればファッションを見られるだろうと来場者が期待していること。衣装&テキスタイルと題したコレクションを装飾美術部門が狭い廊下でひっそりと展示していた時代から、専任のスタッフと専用のギャラリー空間を使ってシーズンごとに大規模展を行う時代へと変化しています。

MOS：*今日もっとも一般的なのは、回顧展でしょうか。*

KS：来場者数という点では確かにそうですね。服飾展のなかでも回顧展が世界的に主流になった要因には集客力もあるでしょう。つまりわかりやすさです。デザイナーは芸術的なヒーローであり、その回顧展では、展示と鑑賞に値する作品全体を個々の型だけでなく一連の流れとして見ることができる訳です。

MOS：*ファッションに対する見方は明らかに大きく変わり、今ではアートと同等に評価されています。そうなったのはなぜでしょうか？*

KS：基本的には、人は創造性や教養や情報を求めて美術館を訪れます。と同時に、はっとする要素、すごいと感動したり惹かれたりするものも求めています。結局それは絵画だってドレスだっていい。どちらも美しいオブジェであり、その意味で鑑賞者とつながる力を持っています。芸術界の序列では、以前の写真がそうであったように、ファッションとテキスタイルはいまだに周縁的な存在。ファッションには軽薄で気まぐれという印象があるからでしょう。もちろん現代アートの多くも同じように見られているかもしれません。ただ実際にはどちらにも場はあります。ファッションであれ、プリント画であれ、グラフィティであれ、人はキュレーターの視点を通した作品を見たいと思っていますから。

MOS：*アート空間でファッションの存在感が増すことにより、美術館のあり様は変わると思いますか？*

KS：「ファッションは、普段は美術館に足を運ばない人にアート空間を身近に感じさせる手段でもある」という、シニカルですが、あながち間違いともいえない考え方があります。従来のアート空間を一般に広めるうえでファッションは大きな役割を果たしています。もちろんそれだけに頼らず、我々は独自のアイディアや価値観を創出しようとしています。

MOS：*では美術館がその財源や空間をファッション部門に割くのは難しいのでしょうか？*

KS：実は美術館での服飾展にもっとも異を唱えているのはジャーナリストたち。少なくともオーストラリアのファッション記者たちは、シーズンごとの流行を語る経験値はあっても、文化的観点から回顧することには不慣れです。同時に美術ライターも服飾展の記事にはおよび腰のようです。鑑賞する側はファッションに通じている訳ですから、これは興味深くもあり、解決すべき問題のひとつだと思います。

MOS：*ファッション作品の収集は、美術館のほかのジャンルと同じように行われますか？*

KS：もちろん、基本的な手法は同じですが、対象となる時代によってアプローチはさまざまです。現代ファッションの場合、通常はコレクションを2-3シーズン見て、（美術館での展示が）初めてのデザイナーには代表的な打ち出しのルックスを求めます。次にデザイナーの一連の作品から、さらに深く掘り下げたり関連性のある作品を収集します。オーストラリアのファッション界では流通市場はさほど大

「従来のアート空間を
一般に広めるうえで
ファッションは
大きな役割を果たしている」

ケイティ・サマーヴィル

きくないため、何を見つけ出し、個人がどんなコレクションを提供してくれるか、それによってケース・バイ・ケースの対応になります。当美術館には一定の基準がありますが、それを絶えず進化させ、4-5年先までの展覧会企画に応じて変更します。その作品を収集したことが数年後理にかなっているか。最終的にはそこが重要です。

上：「トゥゲザー・アローン」展、
2009年メルボルン・ヴィクトリア国立美術館
180-181ページ：「マンスタイル」展、
2011年メルボルン・ヴィクトリア国立美術館

ManStyle

カルバン・クライン イベントインスタレーション：ジョナサン・ジョーンズ ジェフ・アン

Calvin Klein event installations :
Jonathan Jones & Geoff Ang

過去数年間、カルバン・クラインは新進および中堅アーティストとともに、服をテーマとした実験的なエキシビションに取り組んできた。これはグローバルなファッションビジネスの枠組みで彼らの作品をより幅広い層に紹介しようとの試みだ。2008年にはブランド創立40周年を記念し、光の彫刻家ジェームズ・タレル、ミニマリズムを象徴する建築家でカルバン・クライン旗艦店の設計も担当したジョン・ポーソンと手を携えてハイライン（マンハッタン西側22ブロックにわたる高架線跡の空中緑道）でのイベントを企画した。カルバン・クラインはニューヨークを拠点としているが、イベントごとに現地のアーティストを起用する。たとえば2007年にはミニマルな空間づくりで知られる日本人建築家の小川晋一とタッグを組み、東京明治神宮外苑の聖徳記念絵画館敷地内に1日限りのガラスの家を設置した。最近ではフランスのアートディレクター、ファビアン・バロンが手がけるなど、広告分野では1980年代よりエッジィで影響力の強いキャンペーンで知られるカルバン・クラインだが、こうした注目の協働プロジェクトを通じても、モード界を牽引するその発信力は健在である。

2008年、オーストラリアの光の芸術家ジョナサン・ジョーンズは、カルバン・クラインのために大規模なインスタレーションを創作した。場所はコッカトゥー島。かつての流刑地で元シドニー港造船所、現在はシドニー・ビエンナーレの開催地だ。ジョーンズは蛍光灯を組み合わせて光の空間を演出し、光源まわりでは今回初披露となるカルバン・クライン2009年春夏コレクションを着用したモデルたちがポーズを取った。ピンク、イエロー、レッドなど、コレクションの明るい色彩は光に照らされいっそう鮮明に輝き、服のデザインはもとより、普段は白く無機質なジョーンズの作品にも新たな表情が添えられた。シドニーを拠点とするジョーンズにとって異なる背景での演出は奏功したようだ。「通常、アート作品は何の変哲もない白い箱のなかにあります。でも今回のプロジェクトによって作品に新たな生命が宿りました」[4]

ジョナサン・ジョーンズによる光のインスタレーション、
カルバン・クライン2009年春夏のプレゼンテーションより。
2008年シドニー・コッカトゥー島

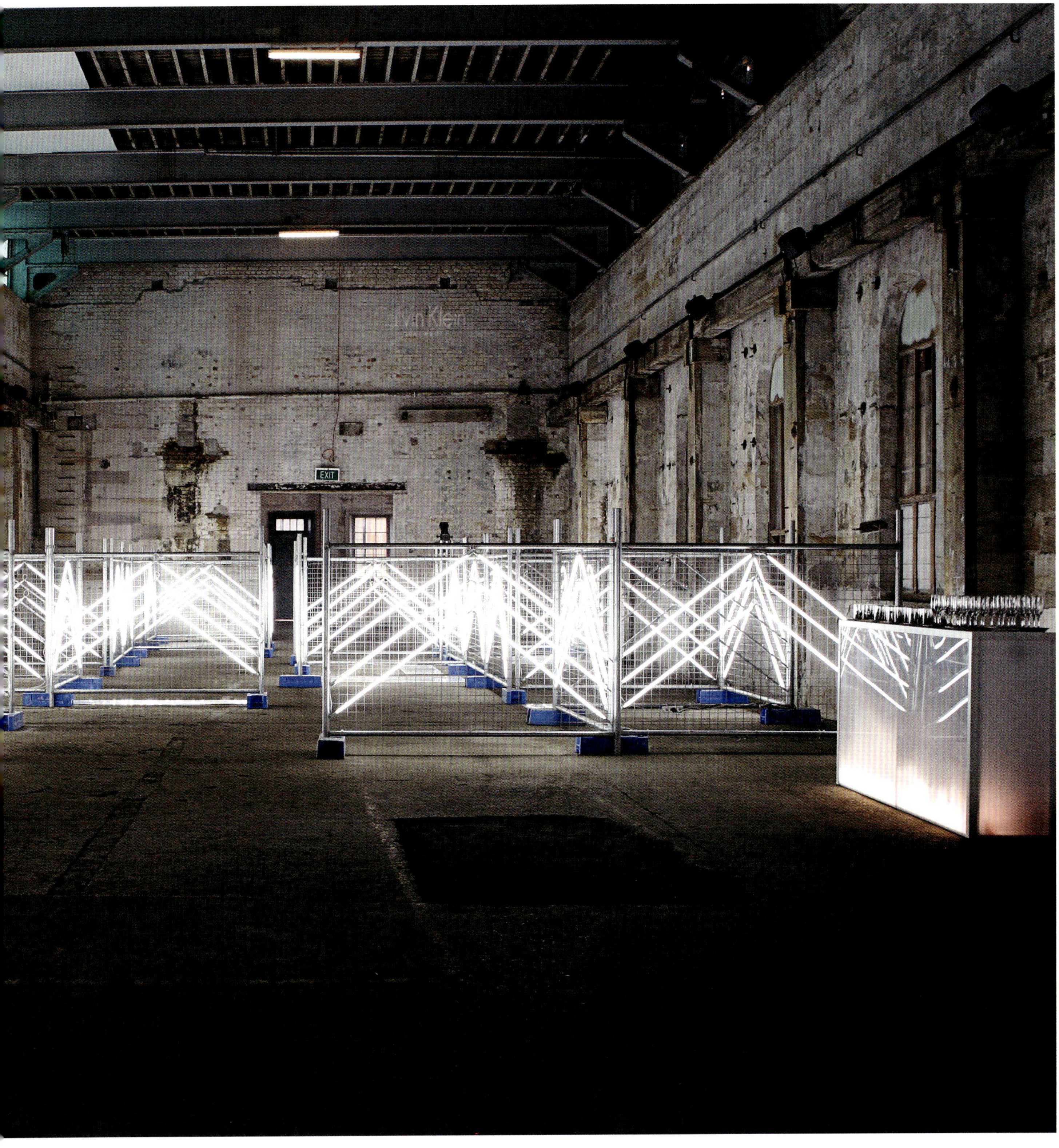
EXIT

上：ジェフ・アンによる映像作品、
ckカルバン・クライン2010年春夏コレクションのインスタレーションより。
2010年シンガポール・元クイーンズタウン拘留刑務所

185 —
カルバン・クライン

ケヴィン・ケリガンがディレクターを務めるセカンドラインのckカルバン・クライン（訳注：現「カルバン・クライン プラチナムレーベル」）は、2010年に映像作家ジェフ・アンと手を組み、シンガポールの元クイーンズタウン拘留刑務所で大規模なイベントを行った。コレクションラインと違ってランウェイショーを行わないckカルバン・クラインにとって、このイベントはデザインを披露する格好の場となった。刑務所解体のほんの数週間前に行われたイベントでは、アンの映像を流す大スクリーンの前でモデルたちが列を成した。2分間の映像では、コレクションのカラーブロックを着た動きのないモデルが、風の吹き荒れる無空間をゆっくりと旋回している。別のモデルたちは足早にスクリーン内を歩きまわり、その跡にデジタル画像の軌跡を残していく。現れては消えるモデルは、かつて2×4メートルの小さな独房を住処とした囚人のようでもある。独房棟には長さいっぱいにキャットウォークを模した白い台が設置され、囚人たちが整列した点呼の場にモデルが立ち並んだ。彫像のように佇む彼らがまとった直線的でシャープな服は、厳然とした建物に呼応している。インスタレーションの主題は自由と解放だとアンはいう。それは動きと強い色づかいを強調した演出からも明らかだ。アンの作品は、クリーンでミニマルなリアルクローズとして知られるカルバン・クラインの美学をまさに想起させるものだった。と同時に彼がアートを介して強く訴えたメッセージは、シンガポールの悪名高い司法制度に対する意見表明なのかもしれない。

2012年5月、カルバン・クラインはニューヨークのニュー・ミュージアム・オブ・コンテンポラリー・アートと共催で、一夜限りのイベントをソウル市内で行った。博物館の非常勤キュレーター、ローレン・コーネルが手がけたエキシビション「Infinite Loop 無限の輪」は、ビデオ・アートの開拓者ナム・ジュン・パイクへのオマージュであり、ファッションインスタレーションと映像を組み合わせたものだ。映像を手がけたのは、ラファエル・ローゼンダール、スコット・スニッブ、そしてアート&デザイン集団のフライトフェーズ。特別制作によるインタラクティブな映像インスタレーションが流れると、コレクションライン、セカンドライン、そしてアンダーウエアを含めたカルバン・クライン2012年秋冬コレクションを着用したモデル集団が登場した。なかにはこの年すでにランウェイで披露された作品もある。つまりこのエキシビションは毎シーズンのショーの代用としてではなく、服に新たな光を当てるユニークな試みの場として提示されたのである。

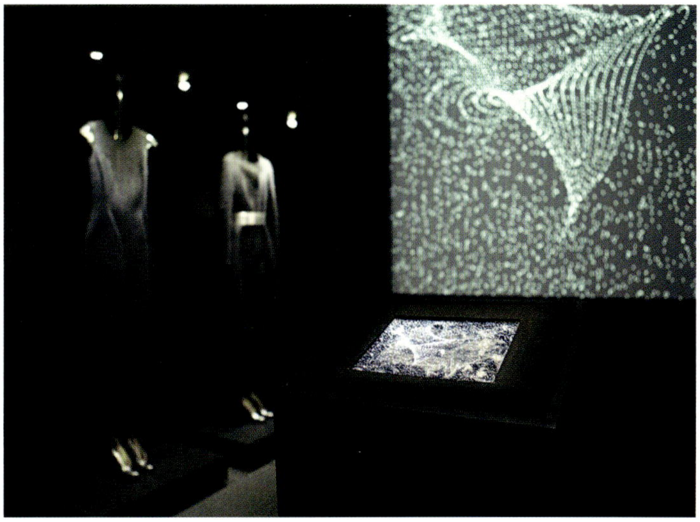

写真上、下：ソウルで開催された
一夜限りのインスタレーションイベント「Infinite Loop 無限の輪」、
カルバン・クライン 2012年秋冬

インタビュー：

パメラ・ゴルビンー装飾美術協会 モード・テキスタイル博物館（パリ）

Pamela Golbin, Musée de la Mode et du Textile, Les Arts Décoratifs, Paris

装飾美術協会は、1882年に設立された装飾美術を扱う私設の非営利美術館の連合組織であり、パリの3つの地区に施設を有している。服飾と織物を専門に扱うモード・テキスタイル博物館は2フロアにわたって1500平方メートルを占める。個人コレクターから、あるいはデザイナーやブランドから直接寄贈されたコレクションは、衣装1万6000点、ファッション小物3万5000点、テキスタイル3万点を数え、アーカイヴをもとにした服飾展がシーズンごとに開催されている。20世紀コンテンポラリーファッション部門のチーフキュレーター、パメラ・ゴルビンが手がけた数多くの服飾展は大盛況を博し、その後世界各地を巡ってすばらしい展覧会図録を残している。なかでも成功を収めたのは、マドレーヌ・ヴィオネ、クリスチャン・ラクロワ、イヴ・サンローラン、ヴァレンティノ、バレンシアガなど著名デザイナーの回顧展であり、最近では「ルイ・ヴィトンーマーク・ジェイコブス」展もそのひとつだ。

アリソン・クーブラー（以下AK）：*美術館という枠組みのなかで、ファッションが主題となり、鑑賞に値するのはなぜでしょうか？*

パメラ・ゴルビン（以下PG）：オートクチュールはその価値と高度な技巧から、常に美術館の展示品でした。1970年代まで創造性はクチュリエの手にゆだねられ、そこにジャンポール・ゴルチエ、ケンゾー、コムデギャルソンといったデザイナーが既製服をもたらしたのです。ものづくりの過程で起きたこの変化を美術館で具現化するには時間がかかりました。ファッションはひとつの産業であり、現代の文化的現象を映す鏡だからこそ、これほど力強く重要な存在なのです。商業ベースのデザイナーを受け入れることには何の問題も感じていません。ですから既製服も展示の対象となります。我々はファッションの背後にあるものづくりのプロセスに信頼を置いていますから。デザイナーとは常にコミュニケーションを取り、アーカイヴからデザインの原型となる作品を収集してきました。つまり決して出来合いの品ではない、デザイン工程の生の要素に目を向けています。（収集品が）オートクチュールか既製服かは問題ではありません。創造的かどうか、それが重要です。

AK：*では、オートクチュールと同じように既製服もアートになり得ますか？*

PG：その質問にはいつも悩まされます。ファッションとアートは別個の領域で、ときに交わったり交わらなかったりします。両者を同一視することは、

左、188-189ページ：「ルイ・ヴィトンーマーク・ジェイコブス」展、
2012年パリ・装飾美術協会 モード・テキスタイル博物館

189 —
モード・テキスタイル博物館

上：「ルイ・ヴィトン―マーク・ジェイコブス」展、
2012年パリ・装飾美術協会 モード・テキスタイル博物館

「人はよく
“ファッションはアートに何を求めるか”
を問いますが、本当に注目すべきは
“アートがファッションに何を求めるか”。
ファッションとは
きわめて即時的で商業的な営み。
だからアートが求めた先鋭性を
ファッションが与える。
もはやファッションは
次なるステージに進み、アートなど
必要としていないのかもしれません。
でもアートはそう簡単にファッションを
手放したくはないはずです」

パメラ・ゴルビン

ファッション産業全体にとってマイナスだと思います。服飾品に美術品のような価格がつくことはないでしょうが、それでも人は商業活動だとしてファッションを排斥します。ただグローバル化と商業化に伴い、ファッションとアートをめぐる価値観に大きな変化が起きています。どちらも飛躍的に洗練され、美術館は双方の知名度を上げるうえで大きな役割を果たしました。とはいえ、やはり2つは別物。語りかける対象は同じなのに、常にアートが上でファッションは下に捉えられがちです。でも今では、ファッションのほうが重要なのではないでしょうか。モード界と同じようにアート界も変化しているなどと誰も話題にはしていないでしょう。

AK：*「ルイ・ヴィトンーマーク・ジェイコブス」展では、ルイ・ヴィトンが過去に行った数々の展覧会とどのように差別化しましたか？*

PG：当館には広大な（ファッション）常設スペースがあります。その構造を生かして当初から展覧会ごとに役割を分担したアートチームを編成しています。そうすることでデザイナーと直接話しながら展示スペースの使い方を毎回検討できます。「ルイ・ヴィトンーマーク・ジェイコブス」展では、マーク（ジェイコブス）、ヴィトンチームの一員であるスタイリストのケイティ・グランドとじかに仕事を進めました。デザイナーとデザインチームに企画段階から参加してもらうことが必須です。デザイナーとのコラボレーションは、いつも我々に既存の枠を超えさせ、創作とビジネスという領域をまたいだ意義ある対話もさせてくれます。その結果、双方とも違った角度から再考することができるのです。

AK：*企画を立てる際、テーマとするデザイナーをどのように決めますか？*

PG：当館には16世紀の衣装から現代の作品まで幅広いコレクションが存在しますが、もっとも重視する要素のひとつは現代性と時代性とのバランスです。現代のデザインが我々のコレクションのなかでどう生きるか？　鑑賞者の目にどう映るか？それを自問しなければなりません。ファッションはすばらしい構造とボキャブラリーを持つ、高度に洗練された言語です。ですから我々は各デザイナーの世界観を表現できる形を見つけなければなりません。たとえばフセイン・チャラヤンとマーク・ジェイコブスの考え方は対極にあります。でも、どちらも訪れる人にファッションの違った側面を見せ、現代モードに対する客観的な視点をもたらしてくれる。こうした多様で独自の世界観がとても重要です。

AK：*なぜアートとファッションは互いに接点を求め合うのでしょうか？*

PG：どちらも最終的な顧客は同じです。アーティストのものづくりには時間的な猶予がありますが、デザイナーは年に最低でも4つのコレクションを打ち出さなければなりません。とはいえ今ではアーティストの時間も減り、絶えず作品を創作しないと取って代わられる時代です。今やアートもファッションもグローバルな存在。どちらの規模も巨大化しています。人はよく「ファッションはアートに何を求めるか」を問いますが、本当に注目すべきは「アートがファッションに何を求めるか」。ファッションとはきわめて即時的で商業的な営み。だからアートが求めた先鋭性をファッションが与える。そして巧みにアートを取り込み、食いつぶしてははき出すのです。もはやファッションは次なるステージに進み、アートなど必要としていないのかもしれません。でもアートはそう簡単にファッションを手放したくはないはずです。

次ページ：アンティークな衣装と並んで展示された
ルイ・ヴィトンのオリジナル旅行用トランク。
「ルイ・ヴィトンーマーク・ジェイコブス」展、
2012年パリ・装飾美術協会 モード・テキスタイル博物館
194-195ページ：ルイ・ヴィトンの象徴、
モノグラムバッグの人気バリエーション。
「ルイ・ヴィトンーマーク・ジェイコブス」展、
2012年パリ・装飾美術協会 モード・テキスタイル博物館

193 —
モード・テキスタイル博物館

15
11
16
08
12
06
17
07
10
14
18

上：アーティストデュオ、エルムグリーン&ドラッグセットによる
永遠に封鎖された店舗インスタレーション、“Prada Marfa（プラダ・マーファ）”の外観、
2005年テキサス州マーファ郊外

プラダ・マーファ

Prada Marfa

アートとファッションの交錯から生まれた作品のなかでも、ひときわ印象的で成功を収めたのが“Prada Marfa《プラダ・マーファ》”である。これは2005年に北欧のアートユニット、エルムグリーン&ドラッグセット(マイケル・エルムグリーンとインガー・ドラッグセット)が米テキサス州のアートの町、マーファ郊外に建てたインスタレーションだ。人里離れた郊外を走るハイウェイ沿いのこの立地が概念的に重要な意味を持つ。この場所はきわめて異質な世界の並置としても、また作品を見るには長く苦難の道を強いられるため、巡礼を主題にした舞台としても意義深い。“Prada Marfa《プラダ・マーファ》”は本物のプラダブティックを模してつくられている。2001年に2人はニューヨークのプロジェクトでプラダとのコラボレーションを実現しており、カラースキームはプラダの承認済み、ブランドロゴと商品もプラダから提供された本物だ。

どう見ても店舗の外観を呈した“Prada Marfa《プラダ・マーファ》”だが、ここで買い物はできない。建物は厳重に封鎖され、実物大のガラス製ショーケースにはニューミレニアムの貴重な文化的アイコン——プラダのバッグと靴——がディスプレイされている(靴は右足のみの展示だったが完成後すぐに盗まれた)。この「ブティック」は新作コレクションや流行の到来には無頓着だ。店内のアイテムは

*Prada Marfa《プラダ・マーファ》*というミュージアムは
やがて朽ちて荒廃し、
骨董品の陳列棚となり果てるだろう。

永遠に変わらず、ディスプレイされた当初のままその思いは満たされることも報われることもない。あわれな「買い物客」やアートファンは、賞味期限をはるかに過ぎたアイテムをただウィンドウ越しに眺めるばかりだ。“Prada Marfa《プラダ・マーファ》”というミュージアムはやがて朽ちて荒廃し、骨董品の陳列棚となり果てるだろう。彫刻作品として、それは現代の死の象徴であり、免れない死への瞑想であり、無益な存在の表象である。

ジャンポール・ゴルチエ展 モントリオール美術館

Jean Paul Gaultier
at the Montreal Museum of Fine Arts

モントリオール美術館は、北米でも貴重なコレクションの数々を収蔵するケベック州有数の美術館である。2011年にティエリー=マキシム・ロリオットがキュレーションを手がけた画期的な展覧会「ジャンポール・ゴルチエのファッション・ワールド：ストリートからランウェイまで」は、当初「まるで葬式のようだから」と乗り気でなかったフランス人デザイナー、ゴルチエにとって初の回顧展となった。[5] 自身もモデルとして10年以上ランウェイに立っていたロリオットは業界での経験を生かし、プレゼンテーションに舞台演出的な効果をもたらした。マネキンにはマドンナやカイリー・ミノーグといったゴルチエのセレブ顧客から貸し出された衣装が着せられ、頭部には顔の映像が投影された。マネキンたちは思い思いに話しかけてきたり、歌い出したりする。パフォーマンスで知られ、因習に反抗し禁じ手に踏み込む、いかにもゴルチエらしい仕掛けだ。「彼の世界が見えたら、理解することができるだろう。そのファッションがいかに開放的で寛容か……人生もセクシュアリティも自らコントロールする独立した現代女性に、いかに自由とパワーを与えてくれるか」とロリオットは語る。同展はその後カナダ、アメリカ、ヨーロッパと巡回し、大盛況を博した。

上：マドンナのためにつくられたビスチェ。
「ジャンポール・ゴルチエのファッション・ワールド：
ストリートからランウェイまで」展、
2011年モントリオール美術館

真の芸術家とみなすべき
デザイナーもいる。
彼らは常にものづくりに励み、
シーズンごとにすべてを
創作し直さなければならない。
一方で今日の現代美術家は
アートバーゼルやフィアックやフリーズ
という見本市に参加し、
顧客のために常に新しい作品を
生み出さなければならない。
これはデザイナーの
ファッションカレンダーと
同様である

ティエリー＝マキシム・ロリオット

上、201ページ：「ジャンポール・ゴルチエのファッション・ワールド：ストリートからランウェイまで」展、2011年モントリオール美術館

201 —
モントリオール美術館

Beyond the photoshoot: New fashion media

ビジュアル撮影の超越：新たなファッションメディア

前ページ：ユルゲン・テラーが撮影したシンディ・シャーマンとテラー。
マーク・ジェイコブス2005年春夏

概説：
ビジュアル撮影の超越

シンディ・シャーマン “Untitled（無題）”
バレンシアガ2008年

ファッションメディアほどアートとファッションの親和性が明白に見られる媒体はない。デジタル技術の発達、それと同時発生した紙媒体の高級誌復活により、ファッションメディアは過去10年間で形式・内容ともに大きな展開を見せた。その結果、ファッション誌の役割も変化し、今や編集者がキュレーターに、ファッション写真家が映像作家にもなる時代だ。

インターネットは、誰でも使える便利なコミュニケーション基盤を提供することでファッションメディアの既存のヒエラルキーに挑んでいる。『インダストリー』誌のエリック・トルステンソンとジェンズ・グリードによると、過去10年間に見られるファッションブログとソーシャルメディアの台頭は、ファッションメディアを「権威主義的なビジネスモデルから民主的でP2P（対等関係）の情報探索の場へと」急激に変革した。[1] スコット・シューマンのファッションブログ、『ザ・サルトリアリスト』のコピーが大量発生したことからも、ブロガーの発信力の大きさは証明済みだ。こうした新しいブログやフォーラムやサイトの品質と知的価値には、専門家から疑問の声が上がるものもある。だが少数の精鋭編集者がシーズンごとにランウェイを見てトレンドを解釈・要約し、数カ月後に紙媒体で大衆に伝えるという、長きにわたって確立されたファッション報道のシステムが覆されたことは間違いない。今ではショーの動画はオンラインでストリーム配信され、ネットに接続すれば誰でも閲覧やコメントができる。オンライン版のファッションページも紙書籍の発行直後かそれ以前に投稿され、雑誌を実際に購入、収集する必要性を無効にしている。

かつて雑誌では、ただ一度の論評や誌面割りがコレクションの成否を決定づける力を持っていた。だがこれら従来型ファッションメディアが、特定のブランドやデザイナーに対する世間のイメージを一方的にコントロールすることはもはやできない。ファッションブランドが、見る側に直接訴求できる新たな通信チャネルの構築を試みたのも、こうした変化の帰結だろう。現在では多くのブランドはスチール写真ではなく動画を用い、このためアート・ファッション写真家による映像を媒体とした実験的試みもトレンド化している。デジタル技術の発達によって映像機材は写真家にも扱いやすくなり、また映像自体もネットユーザが簡単に閲覧できるものになった。さらには2000年に写真家のニック・ナイトが立ち上げた『SHOWstudio.com』など、ファッション界での動画活用の高まりもこの変化を後押ししている。

かつてコレクションの成否を決定づける力を持っていた従来型ファッションメディアが、特定のブランドやデザイナーに対する世間のイメージを一方的にコントロールすることはもはやできない。

ジェフ・アンが制作した短編映像のスチール写真。
ckカルバン・クライン2010年春夏

たとえばプラダは、コラボレーションを通じてしばしば短編映像を制作している。なかでも印象的なのは、ロマン・ポランスキー監督、ベン・キングズレーとヘレナ・ボナム・カーター主演の『A Therapy《セラピー》』(2012年)だろう。実際このショートフィルムの主役はファーコートである。ボナム・カーター演じる患者がセラピスト(キングズレー)のもとにやって来る。セラピストは彼女が預けたプラダのファーコートに魅せられ、鏡の前で自らまとった姿にうっとりする。患者はそんな彼には気づきもせず延々と話し続ける、という内容だ。重要なのは、これが2012年のカンヌ国際映画祭で上映されたことだ。つまり、『A Therapy《セラピー》』は単なるCM広告用の映像ではなく、作品として真面目に鑑賞されるべく制作されたのである。ニューヨークのメトロポリタン美術館で開催された「スキャパレリ&プラダ:インポッシブル・カンバセーションズ」展(2012年)では、ミウッチャ・プラダ自身がバズ・ラーマン監督による8本シリーズの短編映像に出演し、女優のジュディ・デーヴィス演じる故エルザ・スキャパレリと長いダイニングテーブル越しに対話を繰り広げた。この対話はスキャパレリの自伝『A Shocking Life《ショッキング・ピンクを生んだ女》』(1954年)からの引用にプラダ自身のインタビューを織り交ぜたもので、独創性に富んだ2人の真のデザイナーがあたかもリアルタイムで語り合っているかのような幻影を生み出した。

映像ストーリーにファッションが巧みに引用されるのは、20世紀初頭以来、映画のなかでファッションが担ってきた歴史的重要性の表れである。一見してファッションと映画は分かちがたい関係だ。

たとえばアカデミー賞やゴールデングローブ賞では、映画スターがひいきのブランドをまとってレッドカーペットに登場する。もっといえば、2000年以降、ドキュメンタリーを専門とするスター監督の制作・監督により、ファッション業界を舞台にした映画が次々と生み出されている。たとえばR・J・カトラー監督による『ファッションが教えてくれること』（2009年）は、世界的に絶大な影響力を持つファッション誌『ヴォーグ』の舞台裏を垣間見られる貴重な作品だ。この映画では、（ファッション界でもっともパワフルな人物とされる）鉄の女アナ・ウィンター編集長や、クリエイティブディレクターで本作では事実上の主役となったグレイス・コディントンに密着している。『ファッションが教えてくれること』は、その観客動員数はもとより、ファッションの文化的重要性と社会性を表明した点でも意義深い。同様に『ダイアナ・ヴリーランド　伝説のファッショニスタ』（2012年）は、アメリカ版『ヴォーグ』の元編集長でメトロポリタン美術館コスチューム・インスティチュートの顧問を務めた故ダイアナ・ヴリーランドのカリスマ性に迫り、ファッションを時代のリトマス試験紙として歴史的にふり返っている。同じジャンルの映画には、ロドルフ・マルコーニ監督によるドキュメンタリー映画『ファッションを創る男－カール・ラガーフェルド』（2007年）、伊デザイナー、ヴァレンティノの引退を綴った『ヴァレンティノ：ザ・ラスト・エンペラー』（2008年）、『ニューヨーク・タイムズ』紙で長年ファッション写真家を務めるビルをリチャード・プレス監督が捉えた魅力的なドキュメンタリー『ビル・カニンガム&ニューヨーク』（2010年）などがある。

　デジタル媒体への読者の移行とともに雑誌購読率が明らかに下降するなか、芸術誌のレイアウトと知的なコンテンツを模した新しいタイプのファッション本が急増している。スタイリストのケイティ・グランドが手がけるファッション誌『ポップ』や『ラブ』からハイエンドの限定誌『ヴィジョネア』や『セルフサーヴィス』まで、この種の書籍が狙うマーケティング層は多岐にわたる。共通しているのは、これらの媒体がより知的なモード誌を志向し、キュレーターの視点に立った斬新なエディトリアルや芸術家とのコラボレーションを特徴としていることだ。あからさまな商品の露出を避けてファッション誌にありがちな営利主義を否定し、厳選されたビジュアルで流行を発信しているのだ。この「キュレーター的」手法は、既存の媒体にも採用されている。たとえば2011年、ステファノ・トンチが編集長を務めるファッション&ソサイエティ雑誌『W』は、中国で軟禁中の反体制派アーティスト艾未未《アイ・ウェイウェイ》とビデオを介したコラボレーションを行い、ニューヨーク・ライカーズ島刑務所内での撮影を敢行した。

上：クエンティン・シー“A Chinese Woman with
a Lady Dior Handbag（レディディオールを持つ中国女性）”、
クリスチャン・ディオール2011年

このようなコラボレーションによる誌面づくりを通じ、現代美術家はファッション界のセレブリティという新たな地位を手に入れた。この風潮の背景にはロシア人アート収集家、ダーシャ・ジューコワの存在がある。彼女は『ポップ』誌の編集者でもあり、リチャード・プリンス、エド・ルシェ、村上隆とのコラボレーションによる表紙や、写真家のシンディ・シャーマンがシャネルを再解釈した2010年の作品(230ページ参照)など、新進および大御所アーティストを起用した誌面で話題を呼んだ。一方で、ファッションイラストという昔ながらの芸術表現を使ったエディトリアルもファッション誌の本流で復活を見せた。たとえば『ヴォーグ』は、ディビッド・ダウントン、デイジー・ドゥ・ヴィルヌーヴ、リチャード・グレイといったイラスト作家を定期的に起用している。

ファッション本をめぐるもうひとつの新たな潮流に、ブランドが刊行する上質なハードカバー書籍の流行がある。たとえばルイ・ヴィトンやグッチ、エルメネジルド・ゼニアは、自社のアート・ファッション・建築プロジェクトを編纂し、書籍として出版している。こうした豪華本の成功は、アートとファッションと建築の融合に対する読者の関心の表れだ。この手法は『アナザー』、『ヴォーグ』、『ハーパーズ バザー』などのファッション誌でも採用され、バックナンバーのグラフィックを集めたハードカバー本が出版されている。これは長きにわたり一過性で使い捨ての出版物とされてきたファッション誌に永続性をもたらす試みだ。紙の雑誌に代わってウェブサイトというさらに短命の無料媒体が席巻しつつあるなか、選りすぐりの

上：ユルゲン・テラーが撮影したクリステン・マクメナミー。
マーク・ジェイコブス2005年秋冬
前ページ：ユルゲン・テラーが撮影したヴィクトリア・ベッカム。
マーク・ジェイコブス2008年春夏

ビジュアルを集大成した高価で芸術の香り漂う極上書籍の出版は、ファッションメディアに金銭的・知的価値を復活させるひとつの手段となるだろう。

アート界でファッション写真の評価を最初に確立した20世紀の先人たち——リチャード・アヴェドン、ハーブ・リッツ、ヘルムート・ニュートンなど——と同様に、現役世代のファッション写真家も一般に広く認知されている。たとえばマリオ・テスティーノ、スティーブン・クライン、ティム・ウォーカー、デボラ・ターバヴィル、テリー・リチャードソン、イネス・ヴァン・ラムスウィールド&ヴィノード・マタディンなどの作品は、アート界での支持を得て正統派の美術館やギャラリーで頻繁に展示されている。一方で、おもにファインアートを専門とする写真家のユルゲン・テラー、サム・テイラー=ジョンソン、クエンティン・シーなども話題のファッション撮影や広告ビジュアルを手がけてきた。現在も継続中のテラーとマーク・ジェイコブスによるプロジェクトなどは、写真集として刊行されたほどだ。多くの場合、これらのファッション撮影はアート写真家の広範な作品の輝きを奪ってしまうリスクをはらんでいる。それは広告キャンペーンによる露出の大きさはもとより、ファッションプロジェクトでは依頼主のブランドから多額の予算を与えられ、写真家のビジョンが大規模に実現されるからだ。

ファッション誌『アナザー』の創設者で編集者のジェファーソン・ハックは、21世紀ファッションメディアの景観をこう表現した。「写真家がブランドになり、スタイリストが芸術家に変わり、多くの雑誌が現代アートの展示スペースとして出現する世界」。[2] かくして過去10年間に生まれた新しい形のファッションメディアは、アート界の表現方法や編集スタイルを引用し、短命とされるファッションプロジェクトを記録して重厚感をもたらそうとしている。たとえば近年、モード写真集の美術展カタログ化が著しい。この傾向は新刊のファッション誌にも見られ、デザイン性と商品価値の重視、従来型商品掲載からの離反、芸術家とのコラボレーションの推進といった切り口で、主要大衆ファッション誌のフォーマットに挑戦状を突きつけている。一方でブランド自体もファインアートを専門とする写真家や映像作家に目を向け、新たなメディアを通じて幅広い層に発信しようとしている。ともあれ結局のところ、本章で概観する雑誌、映像、書籍、広告キャンペーンが目指すところはみな同じだ。より豊かかつ真正なる方法でファッションを伝え、その世界に触れる体験価値を呈示する、それに尽きるのではないだろうか。

上：『A Magazine Curated By Rodarte』で
ビル・オーウェンズが撮影した女優エル・ファニング。
ロダルテ2012年春夏

インタビュー：
ダニエル・ソリー
『A マガジン』

Daniel Thawley, A Magazine

年２回発行の『A マガジン』は、編集部と協力して「キュレーション」を行うデザイナーやファッションブランドを毎回迎え入れ、彼らがクリエイトする世界を誌面で展開する。この手法で商業主義のファッション誌にしばしば不在の批評性をもたらしている。過去にキュレーションを手がけたのは、山本耀司、ハイダー・アッカーマン、ロダルテ、メゾン・マルタン・マルジェラ、マルティーヌ・シットボンなど。アーティスティックな対話を志向する『A マガジン』は、ダニエル・ソリーの言葉を借りれば「すぐれたプロジェクト、特別な友情、そして炸裂する才能のフュージョンによって常識を超えた作品を生み出している」

「アート、ファッション、
印刷メディアが連携するのは、
情報を複層的に伝え合うことが
できるからだと私は思う」

ダニエル・ソリー

ミッチェル・オークリー・スミス(以下MOS):*『A マガジン』創刊当初の狙いと今現在の目指すところを教えてください。*

ダニエル・ソリー(以下DT):ベルギー初の本物のファッション誌として2001年創刊の『A』は、毎号異なるベルギー人デザイナーの世界観や美意識をのぞいてみようというところからスタートしました。これがすぐにグローバルな企画へと広がり、以来デザイナーにいわば「白紙委任」する形に。つまり、彼らのデザイン工程、プライベートな旅、インスパイアされる友人やヒーロー像といった内的世界を自由に掘り下げたり、さらけ出したりしてもらっています。

MOS:*『A マガジン』ではアート、ファッション、出版という3つの領域が見事に融合しています。上手くいっている秘訣は何でしょうか?*

DT:『A マガジン』は誌面の内容をデザイナーに嘘偽りなく自由に決めてもらう雑誌です。アート、ファッション、印刷メディアが連携するのは、情報を複層的に伝え合うことができるからだと私は思います。コレクションをデザインする際、多くのデザイナーはアートについて調べるでしょう。美しい本のなかに、たとえば歴史的、芸術的、民族的、あるいは政治的なイメージを見出すかもしれません。毎回でき上がるのは、3つの領域を横断したデザイナーの視点を、厳選されたコラボレーターの協力と我々独自の枠組みによって形にした作品だといえます。

MOS:*となると、毎回キュレーターを選ぶのは大変そうです。*

DT:編集チームのメンバーにはそれぞれ異なる専門があります。たとえばディレクターは映像の経験もあるし、グラフィックデザイナーはまさにグラフィックデザインの観点からものを捉える。私自身はファッションの世界にどっぷり浸かった人間。ですから私たちの提案も戦略もさまざまで、選択肢も毎号変わってきます。大御所デザイナーとも若手とも仕事ができるよう、また国籍やスタイルの多様性も重視したいので、前倒しで企画を立てるようにしています。キュレーションの上手いデザイナーとは、深い世界観を持ち、ファッションビジュアルに画一的な額面価値ではなく多面的な視点を持ち込むことのできる人。自分自身の美学を広げ、服、店舗、ショー、招待状、イベント、コラボレーション、広告宣伝などのあらゆる場で独自のスタイルを発揮できるデザイナーに興味を抱きます。

MOS:*そのなかで、あなたの役割は何ですか?*

DT:私の役割は従来の編集者のように自分で内容を選定するのではなく、キュレーションを担当するデザイナーのビジョンを具現化するための水先案内です。『A マガジン』について私が知るコンセプトやヒストリーは、キュレーターが自分の考えや嗜好、こだわり、憧れ、空想をフィルターにかけて何を取り入れ何を落とすかを判断し、まとまった1冊の形に落とし込んでいくうえで必要な情報だと思っています。

MOS:*構成の枠組みやガイドラインについて、キュレーターに指示を出しますか?*

DT:私たちは「白紙委任」と呼んでいますが、それはデザイナーにすべて一任するという意味です。表紙には大きく「A」の文字を入れる、ページ数は上限200ページ、規定の誌面サイズを踏襲する、毎号編集者とキュレーターからの言葉を入れるなど、多少の決まりごとはあります。それ以外は、過去のデザイナーがこの白いキャンバスにどう向き合ったかを伝え、アドバイスをするくらいです。

MOS:*『A マガジン』の一般的な読者層とは? アート本の読者? それともファッション誌の読者でしょうか?*

DT:読者層は多岐にわたるといえますが、みな頭が柔らかくハイカルチャーに関心を寄せるクリエイティブな人たちです。もちろんデザイナーの熱心なファンで、何が自分たちの心を動かすのか、彼らについてもっと知りたいという人もいれば、同じように『A マガジン』の熱狂的なファンもいます。創刊号から集めてくれている人も多いんですよ。

「キュレーションの上手い
デザイナーとは、
深い世界観を持ち、
ファッションビジュアルに
画一的な額面価値ではなく
多面的な視点を
持ち込むことのできる人」

ダニエル・ソリー

214-215ページ：エリック・マディガン・ヘック撮影、
ジャンバティスタ・ヴァリのスタイリングによるヴァレンティノ2010年秋冬。
『A Magazine Curated By Giambattista Valli』

SNOWDON
BLUE

SNOWDON
BLUE

IAN MCKELLEN
IAN MCKELLEN

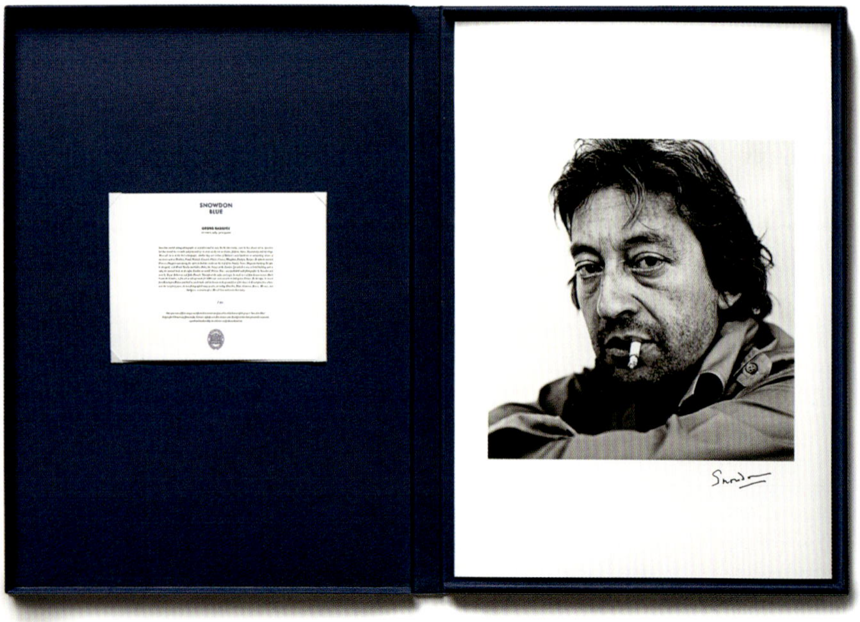

アクネ×スノードン卿

Acne & Lord Snowdon

2012年、スウェーデン発のマルチブランド、アクネは「Snowdon Blue」と題した写真集、エキシビション、カプセルコレクションを発表した。これはブランド創設者でアクネのクリエイティブディレクターであるジョニー・ヨハンソンと、彼が2007年より仕事をしてきた有名写真家、スノードン卿との協働プロジェクトだ。写真集には定番のブルーシャツを身につけたデヴィッド・ボウイやイアン・マッケランなど各界著名人のポートレイト61点が収められ、同名のプロジェクトでは限定版ユニセックスのブルーシャツ８型が展開された。いわゆる「通好み」のブランドであり、話題のビジュアル誌『アクネペーパー』を発行するアクネと、裕福なセレブを被写体とし、英国貴族社会の流れを汲むスノードン卿。この一見相容れない組み合わせが見事な調和を見せたのは、誰の手にも届く労働者階級のアイテム、ブルーシャツに対する双方の思い入れがあったからこそ。「スノードン卿はブルーシャツを“制服のようなもの”と呼んでいた」とヨハンソンは語る。[3]　このプロジェクトはスノードン卿によるアーカイヴ写真に新たな風を吹き込み、アクネのファッション性に共感する若者層に訴求した。また一方で（収録された古い写真が示すように）世代を越えて愛されるブルーシャツの永遠性を証明するとともに、スタイルはいつの時代も不変だという言葉を想起させた。こうしてアクネはスタイル、品格、そして何よりも歴史の重みを手にすることでブランド価値を高めている。

上：アクネ「Snowdon Blue」プロジェクトのシャツ、2012年
前ページ：写真家スノードン卿（アントニー・アームストロング＝ジョーンズ）による写真集『Snowdon Blue』、2012年アクネ ストゥディオズより刊行

インタビュー：
ダニエル・アスキル
Daniel Askill

ダニエル・アスキルはシドニーとニューヨークを拠点に活動する映像作家である。映画やビデオインスタレーション、ミュージックビデオ、コマーシャル制作のほか、ロサンゼルスのプリズム、パリのパレ・ド・トーキョー、メルボルンのオーストラリア映像博物館（ACMI）の展示スペースで単独展やグループ展を開催してきた。多分野にわたる制作会社、コライダーの共同設立者でもあるアスキルは、スビ、クリスチャン・ディオール、アクネといったブランドの仕事も手がけてきた。2010年にはアクネのデザイナー、ミッシェル・ジャンクとともに、2011年春夏プレコレクションをストップモーションの画像で描いたショートフィルム『コンクリート・アイランド』を制作している。

ミッチェル・オークリー・スミス（以下MOS）：*まず、アクネの仕事をしようと思ったきっかけは？*

ダニエル・アスキル（以下DA）：アクネには以前から興味がありました。アートや書籍、映像など、ファッション以外の多様な分野に活動を広げているブランドですから。アクネの仕事にはすぐに関心を持ちましたし、依頼内容も自由度が高いものでした。

MOS：*ファッションの仕事には批評的な見方もありますが、幅広いあなたの作品の価値に何らかの影響があると思いますか？　それとも単に仕事のジャンルが違うだけでしょうか？*

DA：ファッションは私にとって常に興味深い分野でした。アートと交差したときがとくに面白い。弟（ジュエリーデザイナーのジョーダン・アスキル）もファッション業界にいるので馴染みもありました。がちがちの制約さえなければ、モードの世界を映像で表現する仕事はいつでも大歓迎です。この2つが交差すれば面白くなると思うし、何より始まったばかりのフィールドというのはワクワクします。映像、ファッション、アート、その融合、形は何であれ大切なのはいい作品をつくろうとすることです。

MOS：*では逆に、映像のような別ジャンルとの連携でファッションブランドの価値は上がると思いますか？*

DA：重要なのは双方が尊重し合い、率直になること。そうすればコラボレーション作品の価値は増すでしょう。

MOS：*ファッション映像文化の仕掛け人のひとりとして、ブランドにとって映像がこれほど重要なツールになった理由は何だと思いますか？*

DA：基本的には技術の進歩でしょう。映像は今や手に負えない媒体ではありません。高画質のビデオ機能つきデジタル一眼レフカメラの登場で、多くの写真家が急にファッションのショートフィルムを撮り始め、新世代のクリエイティブ層は何の躊躇もなく映像の世界に飛び込んでいます。これは少し前までは考えられなかったこと。裏を返せば、突然誰でも動画を撮れるようになった訳ですから、でき上がった作品の品質にはばらつきがあります。とはいえ多くの人に道が開かれたのは喜ばしいし、言葉が進化するように間違いなく近い将来、画期的な作品が生まれるでしょう。

MOS：*アートの売り上げ低迷から、ファッションブランドとの協働は生き残るための金銭的手段だというアーティストもいます。これに対してどう思いますか？*

DA：面白い意見ですが、個人的には金銭目的でファッション映像の仕事をしたことは一度もありません。むしろアートプロジェクトとして捉えてきました。現在、ファッション映像の予算はメインのCM撮影などよりもはるかに少なく、ビジネス的に収入源とは考えにくい。私にとって、ファッション、アート、コマーシャル、音楽など、分野を横断するのが楽しいんです。大切なのはいい作品をつくること。そうすれば結果はついてくるでしょう。

MOS：*アクネの映像の制作プロセスを教えてください。*

DA：とても簡潔な指示でした。思い出すのは、アクネのジョニー（ヨハンソン）が話してくれた写真のこと。それはホルストンの恋人、ヴィクトル・ユーゴがマネキンに服を着せつけている古い写真でした。その後何点か衣装が届き、（デザイナーで友人の）ミッシェル・ジャンク、弟のローリンと打ち合わせをしました。写真から漠然と思い描いたイメージを、カメラリグを使ったタイムスライス撮影で形にしようと。そうしてシャッタースピードを超低速にし、ストップモーションの光景として再現したのがこの作品です。

219-221ページ：ダニエル・アスキル監督が
クリエイティブディレクターのミッシェル・ジャンク、
映像作家のローリン・アスキルとコラボレートした
短編映像『コンクリート・アイランド』、
アクネ2011年春夏プレコレクション

221—
アクネ×ダニエル・アスキル

イネス・ヴァン・ラムスウィールド&ヴィノード・マタディン

Inez van Lamsweerde & Vinoodh Matadin

オランダの写真家デュオ、イネス・ヴァン・ラムスウィールドとヴィノード・マタディン。彼らは1994年に独創的なファッション誌『ザ・フェイス』で作品を発表し、以来その輝かしいキャリアは20年を過ぎた今もなお健在だ。1990年代を象徴するモノクロで脱力的なグランジの美学とは対照的に、しなやかで洗練されたモデルの姿を夜景やロケット発射台、クラブのダンスフロアといった背景に合成させた2人の写真は、21世紀ファッションフォトグラフィの源流となった。

クリスチャン・ディオール、グッチ、ルイ・ヴィトンのグローバル広告、ファッション&アート誌『V』、フランス版・アメリカ版『ヴォーグ』、『ニューヨーク・タイムズ・マガジン』など、幅広く商業写真の分野で活躍するラムスウィールドとマタディンが展開した写真スタイルは、その後広く模倣されることとなる。2人はデジタル技術で人の体型を操作し、シュールでときにグロテスクな効果を演出しながら美のあり方に揺さぶりをかけた。ファッション写真でレタッチといえば、今や一般的なデジタル画像処理だ。しかし彼らがペイントボックスというソフトを使い始めた1990年代初頭には、この技術はほぼ知られていなかった。ラムスウィールドはこう語る。「当時は広告用にラインを直線的にしたり、車のタイヤに光沢を出したりするためのものでした。ファッションや人物像には使われていなかったのですが……まさに我々の世界を一変させてくれました」。[4] ラムスウィールドとマタディンが生み出すアート作品の特徴は、写真のなかで被写体の感情と人格がリアルに映し出され、それがデジタル処理でさらに強調されている点だ。ジャーナリストのヨッヘン・ジーメンスは2人の作品を、こう表現した。「並外れて重層的。彼らの写真が発するのは目に見えるものだけではない。空気感とでもいうのだろうか」[5]

ニューヨークのガゴシアンギャラリーに所属する2人は、あえてアート作品と商業写真の線引きをせず、どちらも同列に展示・出版している。「広告キャンペーンとして出版された作品が美術館に展示されることもあります」とラムスウィールドは語る。「広告とエディトリアル——すべてが共存していますから」。[6] その言葉どおり、彼らはかつてニューヨークのホイットニー美術館にも展示された代表的「アート」作品シリーズ“Me Kissing Vinoodh《ヴィノードにキスする私》”(1999年)をベースに、ラムスウィールドにボディペイントを施したバージョンのランバン・オム2010年春夏キャンペーン広告を制作した。“Me Kissing Vinoodh《ヴィノードにキスする私》 (Eternally)《永遠に》”と題した新たなビジュアルは、後に著名なプリンター、ユージーン・リヒトの手によってシルクスクリーンで再現された。このようにハイ&ローの芸術価値を融合する営みは、2人の活動には欠かせない。そのスタンスは、写真家としてはめずらしく自らタンブラーなどのソーシャルメディアに登場することからも実証されている。

下：イネス・ヴァン・ラムスウィールドとヴィノード・マタディンの
自画像 “Me Kissing Vinoodh (Eternally)”、
ランバン2010年春夏

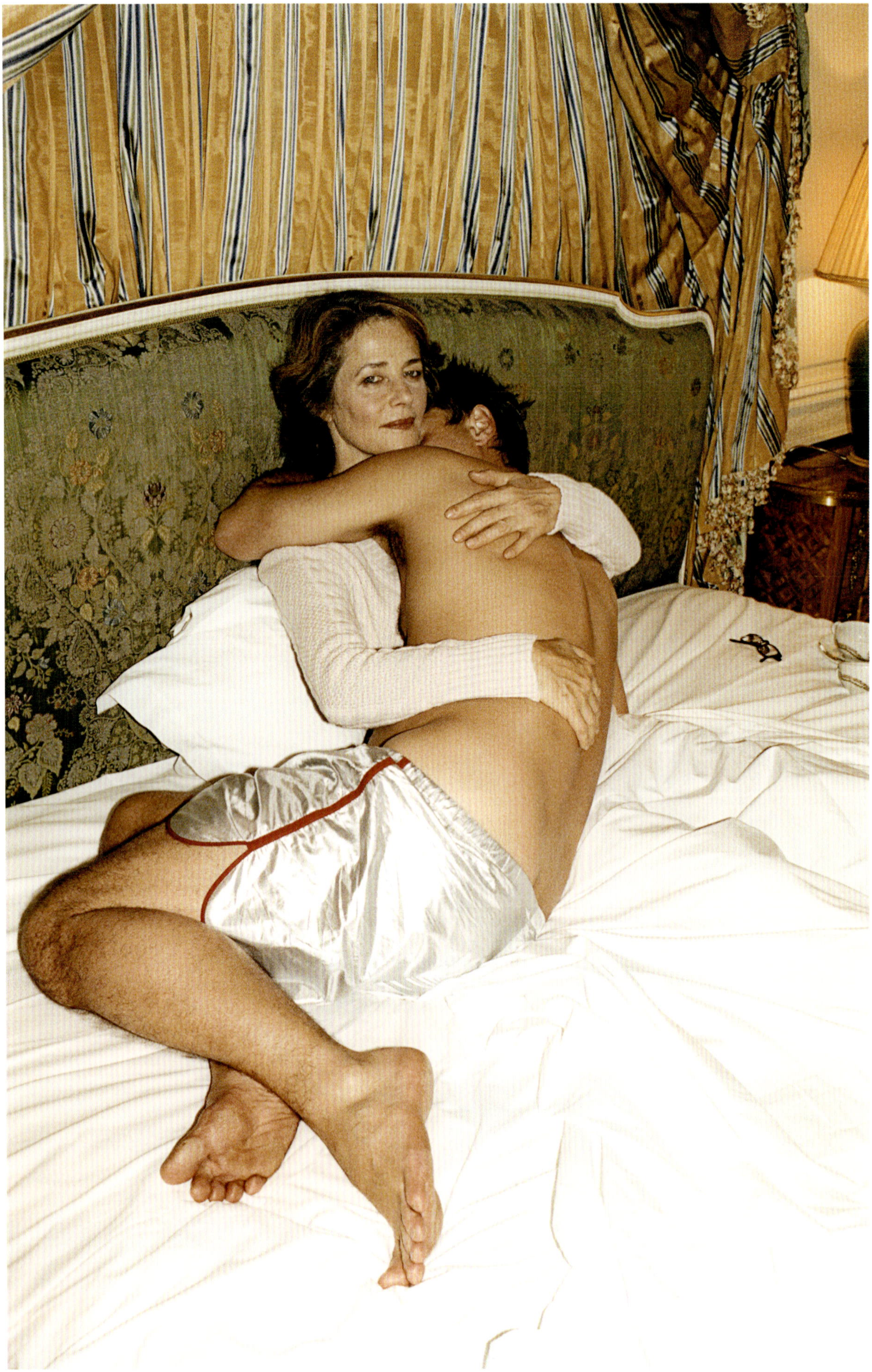

マーク・ジェイコブス×ユルゲン・テラー

Marc Jacobs & Juergen Teller

ドイツ人写真家ユルゲン・テラーの作品で有名なのは、1998年以来現在も継続しているマーク・ジェイコブスの広告ビジュアルだ。テラー作品の真骨頂は家庭でのスナップ写真のような美しさである。テラーは、自然な照明、最小限の小道具、シンプルな背景、そして後処理をほとんど加えないことで、無造作に撮られた写真の稚拙さを芸術的に再現する。彼の写真の妙は、一見何の技巧も凝らしていないように見せることにある。もちろんそれこそがテラー作品の芸術性だ。彼が手がけたマーク・ジェイコブスの広告写真は、数々の女優やセレブリティとともにシンディ・シャーマンやロニ・ホーンなどのアーティストを被写体としたことでも知られる。テラーとシャーマンが肩を寄せ合う写真では、彼はシャーマンそっくりに扮装している。また別の写真では、パンツ姿の彼がベッドのなかで英女優シャーロット・ランプリングに抱かれている。アート作品であり、アーティストの自画像でもあることから、多義的な解釈を想起させるこれらの写真のなかで、マーク・ジェイコブス商品はほとんど後づけのようなものだ。つまり広告イメージからマーク・ジェイコブスが得るものは、単にブランドとしての文化的信頼性である。『ニューヨーク・タイムズ』のファッション評論家キャシー・ホーンは、アートディーラーのバーバラ・グラッドストーンのこの言葉を引用している。「広告とは、それを解する人のためのもの。マークとユルゲンの考えはこうだろう。わかる人にだけわかればいい」[7]

これらの写真のなかで、マーク・ジェイコブス商品はほとんど後づけのようなものだ。

前ページ：ユルゲン・テラーが撮影した
シャーロット・ランプリングとテラー。
マーク・ジェイコブス2004年春夏

上、前ページ：ユルゲン・テラーが撮影したハーモニー・コリン。
マーク・ジェイコブス2008年春夏

LOSCAM

リズ・ハム

Liz Ham

「ポートレイトはアーティストの自己表現にほかならない」という指摘は、何ら目新しいものではない。シドニーを拠点に活動する写真家のリズ・ハムは、自分自身と作品の主題との類似性を十分承知している。以前の彼女はパンクでゴスでヒッピーで快楽主義者。そして今はポートレイトとドキュメンタリーを通じて「異端児」の概念を掘り下げている。これは幾度も問い続けられたテーマであり、異端というコンセプトは別段過激でもなければドキュメンタリーにもならない。だがハムはプロの商業カメラマンとして、昔ながらの記録写真とデジタルのファッション写真とを融合させ、表情豊かで個性的な作品を生み出している。それらは同時代の写真家よりも、戦時中の『ヴォーグ』の報道写真家リー・ミラーや、カールハインツ・ワインベルガーがスイスの「怒れる若者たち」を捉えた写真をどこか彷彿させる。

2010年に豪誌『オイスター』に掲載されたハムの作品、「テディガールズ」ほど注目を集めたファッション写真もまずないだろう。この作品は、イギリス人写真家で映画監督のケン・ラッセルがテディガール（訳注：1950年代英国のサブカルチャーで、独自のファッションを楽しむ若い女性の集団。ジュディズとも呼ばれた）を撮影し、1955年に英誌『ピクチャー・ポスト』に掲載された記録写真から着想を得たものだ。ハムの「テディガールズ」は、オフィスや工場で働く若い女性の表情や行動を生き生きと捉えている。彼女たちはブランドのオートクチュール回帰に反発し、タイトスカートにテーラードジャケット、ロールアップジーンズにフラットな靴といったアイテムをストリート風にリメイクした少年のような装いを楽しんでいる。世界的な経済危機を踏まえ、ハムは「あるもので間に合わせよう。破れたら繕おう」という戦時下の緊縮生活を思わせる作品を発表するには、2010年は微妙な時期だと認める一方、実は時宜を得ていたのかもしれないという。「テーマが何であれ、ファッションとは人を元気にさせるもの。それに今の我々に影響を与えた事柄から学んだり、楽しさを感じたりするきっかけになれば嬉しい」[8]

「テディガールズ」はオーストラリアとニュージーランドの若いモデル5人を野菜畑で撮影したものだ。手で繕った服をまとい、腕相撲やタバコを吸うなどの日常の光景はもちろん演出だが、ハムが初期に撮影した報道写真とどこかオーバーラップする。ラッセル作品の影響は（服やヘアメイク、セットなど）スタイリングの要素だけでなく、壁にもたれたり相手の肩に腰掛けたりといったテディボーイズを真似るポーズや、とくに光と影のコントラストを生かした白黒写真の照明にも表れている。ハムは建物の影を被写体にかけ、セットの一部として照明を用いた。バックライトで背景を白く飛ばし、灰色のセットとの対比を効かしてレトロな雰囲気に仕上げている。

2008年のシリーズ作品「パブリック・イメージ・リミテッド」では、シドニーでポストパンク崩壊後に派生したさまざまなサブカルチャーを主題にした。被写体となったのは、ハムの夫が以前組んでいたパンクバンドのメンバーや、中性的魅力のセルビア系オーストラリア人男性モデルで、これ以降レディスウエアのショーで世界的に活躍するアンドレイ・ペジックなどプロのモデルたち。古着ではなく新品の衣装をまとった集団には、タトゥー、スニーカーに中折れ帽のスキンヘッドたち、ヒョウ柄、網タイツ、黒レースのパンクを気取った面々、フリルのブラウス、ダメージジーンズ、レイヤードルックのニュー・ロマンティックス、グラムロック時代の中性的なスタイル、さらにはコンパクトなニットと細身のデニムが特徴のかつてオーストラリアでシャーピーズと呼ばれた若者たちがいる。現代のレンズを通して過去を切り取ることにより、ハムはモード写真にポストモダンのひねりを加え、時代を超えたファッションの再帰性に光を当てている。

前ページ：リズ・ハム撮影の写真「テディガールズ」より、2010年

230—
新たなファッションメディア

シンディ・シャーマン×バレンシアガ、シャネル

Cindy Sherman : Balenciaga & Chanel

シンディ・シャーマンのアートプロジェクトでは、さまざまに扮装した自身を撮影し、視線の対象として典型的あるいは非典型的な女性像を描写している。写真家であり自ら被写体ともなるシャーマンは、瞬間を切り取った数多くのセルフポートレイトに映像デザインとファッション写真の要素を盛り込んでいる。モードとのかかわりも深く、1984年と1994年にはコムデギャルソンのキャンペーン写真を手がけた。黙示録的ともいえるこの作品には、コムデギャルソンの前衛性とともに、ファッション写真に対するシャーマンの批評性が表れている。また彼女はユルゲン・テラーによるマーク・ジェイコブスの広告キャンペーンに被写体としても登場している(202ページ参照)。

2010年、シャーマンは仏ファッションブランド、バレンシアガの依頼で同社の服を身につけた6点のシリーズ作品を制作した。ニューヨークの「ヴォーグ・ファッションズ・ナイト・アウト」で発表された"Cindy Sherman: Untitled (Balenciaga)"《シンディ・シャーマン：無題(バレンシアガ)》である。このシリーズで彼女は、写真家のビル・カニンガムが長年『ニューヨーク・タイムズ』紙で手がけてきたストリートスナップを模し、社会面に登場する人物に扮している。アイリス・アプフェルからパリス・ヒルトンまでさまざまなソーシャライトに変装した作品は、パロディを交えつつバレンシアガの「反体制的」な姿勢を称えたものだ。1997年から2012年までニコラ・ゲスキエールがクリエイティブディレクターを務めたバレンシアガは、常に先進性を求めて挑戦を続けた結果、揺るぎない顧客基盤を獲得している。またシャーマンのような大物アーティストとのコラボレーションを通じ、単なる商業価値では測れないブランドとしての文化的成熟度も示して見せた。その一方で、シャーマン自身もコレクター垂涎のブランドであることが証明された。

ニューヨークの近代美術館で大々的な回顧展が行われた2012年、シャーマンはその成功を物語るかのようにニューヨーク・チェルシー地区のメトロピクチャーズで個展を開催した。展示作品は、ダーシャ・ジューコワのファッション&アート雑誌『ガレージ』綴じ込み用の作品をベースにしている。これは、同撮影のために1920年代のヴィンテージ・オートクチュールから現代の作品まで、アーカイヴの使用を承諾したシャネルの服を自らまとい撮影したものだ。シャーマンは奇抜なロケーションでのモデル撮影というファッション誌の定石を用い、モデルを真似たドラマチックなポーズをカプリ島やアイスランドといったエキゾチックな背景に合成した。こうして空想的な絵画仕立ての雰囲気はでき上がったものの、無表情に佇むシャーマンの姿がファッション写真にお決まりの完璧な美の世界に不協和音をもたらしている。

次ページ：シンディ・シャーマン "Untitled（無題）" 2008年バレンシアガ
232-235ページ：シャネルのアーカイヴをまとうシンディ・シャーマン
"Untitled（無題）" 2010／2012年(232-33ページ)、
"Untitled（無題）" 2010／2011年(234-35ページ)。
『ガレージ』誌掲載作品からメトロピクチャーズでの個展用に変更を加えた。
2012年ニューヨーク

上、下、次ページ：クエンティン・シーの写真シリーズ
“Shanghai Dreamers（上海ドリーマーズ）”より
“No. 06”（上）、“No. 07”（下）、“No. 02”（次ページ）、
クリスチャン・ディオール 2010年

クリスチャン・ディオール ×クエンティン・シー

Christian Dior & Quentin Shih

2008年、クリスチャン・ディオールは北京のユーレンス現代美術センターで「クリスチャン・ディオールと中国のアーティスト」展を開催した。これは香港国際芸術展の開催に伴ってアート界で高まる中国人現代アーティストの人気を踏まえつつ、急速に発展する中国ラグジュアリー市場でのディオールブランドの推進を図るためだ。当時のクリエイティブディレクター、ジョン・ガリアーノの手による1点物のクチュールドレスに並置されたのは、中国現代美術界のトップアーティスト20人が「クリスチャン・ディオールとは何か？　何を象徴しているのか？」との問いに対して同展のために制作した作品である。そのひとつ、写真家で映像作家のクエンティン・シーによる写真シリーズ“The Stranger in the Glass Box《ガラスケースのなかの見知らぬ人》”（2008年）は、後にモスクワ市近代美術館で開かれた写真展「クリスチャン・ディオール：写真で見る60年間」（2009年）でも展示された。同シリーズでは、ディオールのオートクチュールをまとってガラスケースに閉じ込められるモデルと、それを見つめる揃いのドレス姿の中国人が描かれている。2人の中国人は共産主義プロパガンダのポスターに登場するキャラクターのようだ。写真の背景は中国北部の荒涼とした工業地帯だが、これは実際の2国間の隔たりを象徴している。ディオールのモデルはパリで別撮りされ、中国の風景にデジタル合成されたのだ。このシリーズは両国の互いに対する奇怪なイメージを浮き彫りにしつつ、豊かな西洋文化が中国の地に到来した衝撃を視覚的に表現している。

シーは2010年にクリスチャン・ディオールのために制作した2つのシリーズ作品“Hong Kong Moment《香港でのひととき》”と“Shanghai Dreamers《上海ドリーマーズ》”でも同様のテーマを扱っている。後者はクリスチャン・ディオールの依頼で2010年の上海店オープン記念に創作されたものだ。複雑な写真レタッチ技術を駆使した同シリーズでは、1970-80年代の服装をした中国人をクローンのように複製・整列させた集団と、ディオールのドレス姿で傍らに佇む西洋人モデルを描いた。ディオールのモデルは文字どおり集団のなかで際立っている。夢幻的で印象的なこの作品は物議を醸し、中国人の見た目はみな同じだという人種差別的な偏見を色濃く残すもの、あるいは文化大革命時代の国民の弾圧を揶揄するものだとシーを非難する批評家もいた。シー本人はこれを完全なる誤解だとし、「集団としての中国人の力強さ、そして中国史における社会主義の存在を表現したかった」と語った。[9]

238-239ページ：クエンティン・シーの写真シリーズ
“The Stranger in the Glass Box（ガラスケースのなかの見知らぬ人）” より
“No. 17”、クリスチャン・ディオール 2008年

クエンティン・シーの写真シリーズ
“Hong Kong Moment (香港でのひととき)” より
“No. 01”、クリスチャン・ディオール2010年

241 —
クリスチャン・ディオール×クエンティン・シー

スキャンラン&セオドア

Scanlan & Theodore

オーストラリアのブランド、スキャンラン&セオドアは多方面にわたってアーティストと手を携え、広告撮影のほかに展覧会を通じたコラボレーションも展開している。たとえば2004年にはルイーズ・ウィーバーの展覧会、2012年にはオランダの芸術家ダーン・ルースガールドとともにシドニー・ビエンナーレのインスタレーションとショールーム用の映像作品を制作した。だがやはり瞠目すべきは、写真家のビル・ヘンソン、ナン・ゴールディン、デヴィッド・アームストロングによる広告キャンペーンだろう。スキャンラン&セオドアは協働する作家の自由と創造性を尊重する。この姿勢は有名だが、ときに物議を醸すこともある。1995年のヴェネツィア・ビエンナーレで豪州代表として参加し称賛を得たビル・ヘンソンとは1997年にコラボレートしたが、ブランド10周年のこのプロジェクトには16歳の少女の乳首をあらわにした作品があり、ファッションの文脈での少女の描写と写真家の性的な視点をめぐる論争が起こった。

翻って2002年から2004年には、著名な写真家のデヴィッド・アームストロングが、映画界とモード界の注目の顔を広告キャンペーンに登場させた。歴代のミューズは、2002年のジョアンナ・プレイス、2003年のアン・キャサリン・ラクロワ、2004年のディアナ・ドンドーである。2010年には、やはり挑発的な作風の写真家でアーティスト、先のボッテガ・ヴェネタ2010年春夏キャンペーンでふわりとロマンティックな作品を披露したナン・ゴールディンとタッグを組んだ。スキャンラン&セオドアの広告ビジュアルでは、ゴールディンはモデルでモード界のミューズ、エリン・ワッソンを起用。ニューヨーク北部の古い屋敷で美しい服をまとった彼女の気だるく飾らない表情を、ゴールディン作品特有の親友に対するような親密で、のぞき趣味的で、ときに露骨なまなざしをもって捉えている。

上、次ページ：デヴィッド・アームストロングが撮影した
ジョアンナ・プレイス、スキャンラン&セオドア2005年春夏

ヴァレンティノ×デボラ・ターバヴィル

Valentino & Deborah Turbeville

革新的なファッション写真家、デボラ・ターバヴィルが半世紀近いキャリアで生み出したのは、膨大な数の作品だけではない。彼女はまったく新しいスタイルの写真を創造し、それをさらに進化、完成させようとした。ターバヴィルは、ファッションの仕事のなかに独自の芸術的手法のインスピレーションを見出すのであって、その逆ではない。「ファッション撮影を通じて自分のスタイルを築きました。少し変わっているでしょ。普通は、いわゆるプライベートワークの撮影とファッションとはつながらないものだから」[10]

ファッション誌や広告に見るターバヴィルの写真は、既存の枠に当てはまるものではない。1975年の『ヴォーグ』に掲載された“Bathhouse《浴場》”シリーズは保守的な読者の怒りを買った。「私のファッション写真は型破りだった(と、当時考えられていた)」とターバヴィルは初期の作品について語る。「被写体の女の子たちは典型的な見栄えのいいモデルタイプではなかったし、背景も当時のカメラマンのそれとは全然違ったから」。ヴァレンティノ2012年春夏コレクションの広告ビジュアルで意図したのは、「モデルのパーソナルな表情を見せること。それぞれの際立った個性を出したかったし、そのためには服のなかに存在する生身の女性像を見せたいと思った」。撮影はメキシコのポソスというグアナファト州の廃坑の町で行われた。ヴァレンティノのクリエイティブディレクター、マリア・グラツィア・キウリとピエール・パオロ・ピッチョーリはターバヴィルについて「エレガントで卓越した審美眼を持つ」と語る。これは「詩的でフェミニンな空想世界」を描くコレクションのコンセプトにぴたりと合致する。

ターバヴィル独自のスタイルは、ヘルムート・ニュートンをはじめとする同時代の男性写真家の手法への反発から生まれた。「普通のカメラマンと同じようにはモデルに指示をしない。あるいはそもそも指示を出さない」という。撮影用のスタジオはめったに使用せず、照明、ミストやスモークを用いて静止した空間や心理的な距離感を生み出す。強い色彩を避け鮮明度を抑えたナチュラルなカラーパレットは、作品に重厚感と神秘性を添え、またフィルム撮影ではネガにテーピングや書き込みなどの処理を加えることで、この効果をさらに際立たせている(もっともファッション関連の委託制作では時間の制約や薬品と紙の制限があるため、デジタルカメラを使うことが多い)。ターバヴィルの作風をノスタルジックと見ることはできる。だが、彼女が自分と被写体とのあいだに置く心理的な距離感——その結果生まれる氷の美ともいえるもの——がつくり出すのは、ノスタルジーというよりも時間の超越であり、明確な文脈を欠いた風景である。そして人はそんな風景のなかの孤独に、真の美を見つけるのかもしれない。「1930年代という時代をはっきり意識しているわけではない」とターバヴィルはいう。イタリア版『ヴォーグ』や『ルオモ・ヴォーグ』、『ニューヨーク・タイムズ・マガジン』など、仕事相手の雑誌が彼女の美学を理解しているからだと。「(撮影用に)渡される服は私のスタイルに合ったもの。だからいつも時代を超えたように見えるのでしょう」。ターバヴィル独自の美学が上手く模倣された例はない。だが彼女がファッション写真に「フェミニン」ともいえる優美なニュアンスを持ち込み、現代の写真家に新たな道を拓いたことは紛れもない事実だ。

デボラ・ターバヴィル撮影によるヴァレンティノ
2012年春夏コレクション

From boutique to gallery: Fashion, art and architecture

ブティックからギャラリーへ：
ファッション×アート×建築

前ページ：エルメネジルド・ゼニアの独立財団、ゼニア アートの制作委託プロジェクト。
ルーシー+ジョージ・オルタによる映像パフォーマンス
"Fabulae Romanae（ローマの伝説）" のスチール写真、2012年

概説：ブティックからギャラリーへ

ペーター・フィッシュリとダヴィッド・ヴァイスの
“Suddenly This Overview（不意に目の前が開けて）”1981-2006。
リッタ宮に展示された92体の湿潤粘土の彫刻、2008年ミラノ。
ニコラ・トラサルディ財団、ロンドンのテートモダン、チューリヒ美術館による
共同企画・制作作品。

アートとファッションの相関性は、建築界への影響となって表れてきている。今ではラグジュアリーブランドが頻繁に有名建築家と手を組んで独創的な店舗や美術館を建設したり、自社商品を陳列する期間限定の展示スペースを設けたりしている。こうした建築プロジェクトは21世紀の幅広いトレンドの一部であり、高級ファッション業界では、LVMH（傘下にルイ・ヴィトン、ジバンシィ、クリスチャン・ディオールなど）、ケリング（サンローラン、グッチ、バレンシアガ）、リシュモン（ダンヒル、カルティエ、モンブラン）を中心とする大手コングロマリットが、金銭面ではスポンサーとして、創作面ではコラボレーターとして、アート界への関与をいっそう深めている。芸術支援のために自社で財団を設立するブランドも多い。それらはすぐれたアート作品の収集、美術館設立によるコレクションの収蔵、現代アーティストへのレジデンス制作や特別プロジェクトの依頼、画期的なパブリックアート・プロジェクトの後援や推進といった活動を行っている。

ファッションとアートの世界ではターゲット層と美的価値の共有化が進んでいるが、この傾向はファッションと建築の世界でも同様だ。デザインの専門家で著述家のブラッドリー・クインは、大規模な店舗ファサードや立派な建築様式を誇る大型ブティックの増加など過去10年間に見られるファッション、アート、建築の急激な接近は、ものづくりの2つの領域における本質的な類似性の表れであり、そこには深い歴史があるという。「ファッションと建築の関係は、ある日突然劇的に始まったのではない。両者は歴史を通じて互いの存在の周辺を漂っていた。（中略）常に空間づくりが第一義に求められてきたのはファッションも建築も同じである。ファッションの構築性は空間を包み込むという意味で発揮され、一方で建築は身体空間との関係によって今後も形づくられる。」[1]　三宅一生、フセイン・チャラヤン、山本耀司、コムデギャルソンの渡辺淳弥といった前衛デザイナーは、しばしば布地と身体との構築的可能性を探究し、一方でおもな高級ブランドは有名建築家やデザイナーと直接手を組んで斬新なデザインの店舗や展示空間を生み出している。

シャルロット・ゲンズブールのインスタレーション作品
“Heaven Can Wait（天国から来たチャンピオン）。”
英百貨店セルフリッジズの「サウンド・オブ・ザ・マインド」
キャンペーンとのコラボレーション、2010年

大がかりな建築プロジェクトを通じてファッション界に生まれた新たな店舗空間は、グッドデザインと商業主義の殿堂であり、ファッション顧客にとって崇拝の場であると同時に旅行者にとっては必見の観光スポットだ。その意味で、「店舗空間は公共建築よりもはるかに劣る」という伝統的な建築界のヒエラ

グッチの「GG」モノグラムの歴史を綴る、
フィレンツェのグッチ ミュゼオ「ロゴマニア」ギャラリー

ルキーに生じた重大な変化の証でもある。建築批評家で大学教授の五十嵐太郎は、こう述べた。「建築史において、寺院、教会、宮殿といった伝統建築は19世紀を通じた文明の黎明期以降、第一の表象だった。近代化に伴い、美術館、市庁舎、駅舎、オフィスビルなどの公共および商業施設、さらに個人住居は変化の中枢を担ったが、店舗デザインに寄せられる関心は乏しかった」。[2] だが21世紀を迎え、ファッションメゾン（財団など）による店舗建築や派生プロジェクトに絡んだ世界的に大規模な建築プロジェクトが展開されている。ファッションブランドには、ランドマーク美術館も手がける有名建築家を起用するだけの財源がある。たとえばラスベガスのグッゲンハイム美術館を設計したレム・コールハースは、ニューヨークのソーホー地区にある元グッゲンハイム美術館の空間を利用したプラダ・エピセンターのデザインを担当している。ビルバオのグッゲンハイム美術館を手がけた建築家のフランク・ゲーリーは、イッセイミヤケのニューヨーク・トライベッカ店を設計した。さらに、これらのファッション企業は自己資金を自在に投入し、究極の建築表現を求めて英断を下している。エッジの利いた革新的で話題を呼ぶデザインが、ブランドにとって重要な創造的資産となることを承知しているからだ。こうして公共建築では決して許可が下りないであろう斬新な建物が生まれている。

逆説的になるが、高級ブランドの画期的で記念碑的な大型店が世界じゅうに広がるなか、21世紀型のオンライン店舗も同じように増加している。Net-A-Porter（ネッタポルテ）、ASOS（エイソス）、Moda Operandi（モーダ・オペランディ）など、オンラインのみで事業展開する小売店の驚異的な成功は、大手ファッションブランドにオンライン事業の重要さを認識させることになった。ただ同時に老舗ブランドは、単なるショッピングの枠を超えた「ラグジュアリー」体験に対する消費者の需要も認識している。つまり大規模で斬新な建築様式のブティックは、デジタルブランドの顔としてますます勢いづくネット通販にはない重要な要素を補う存在なのだ。広々としたスタイリッシュな空間にいざなわれた顧客は、ネットショップや従来型の小売店には真似のできないブランド体験を供される。確かに服やアクセサリーに大枚をはたくのならば、その体験が思い出に残ったほうがいい。これら新型ファッションメガストアの成功に触発され、従来型のブティックや百貨店も同様の手法で集客を狙っている。先鋭建築家やインスタレーション作家、

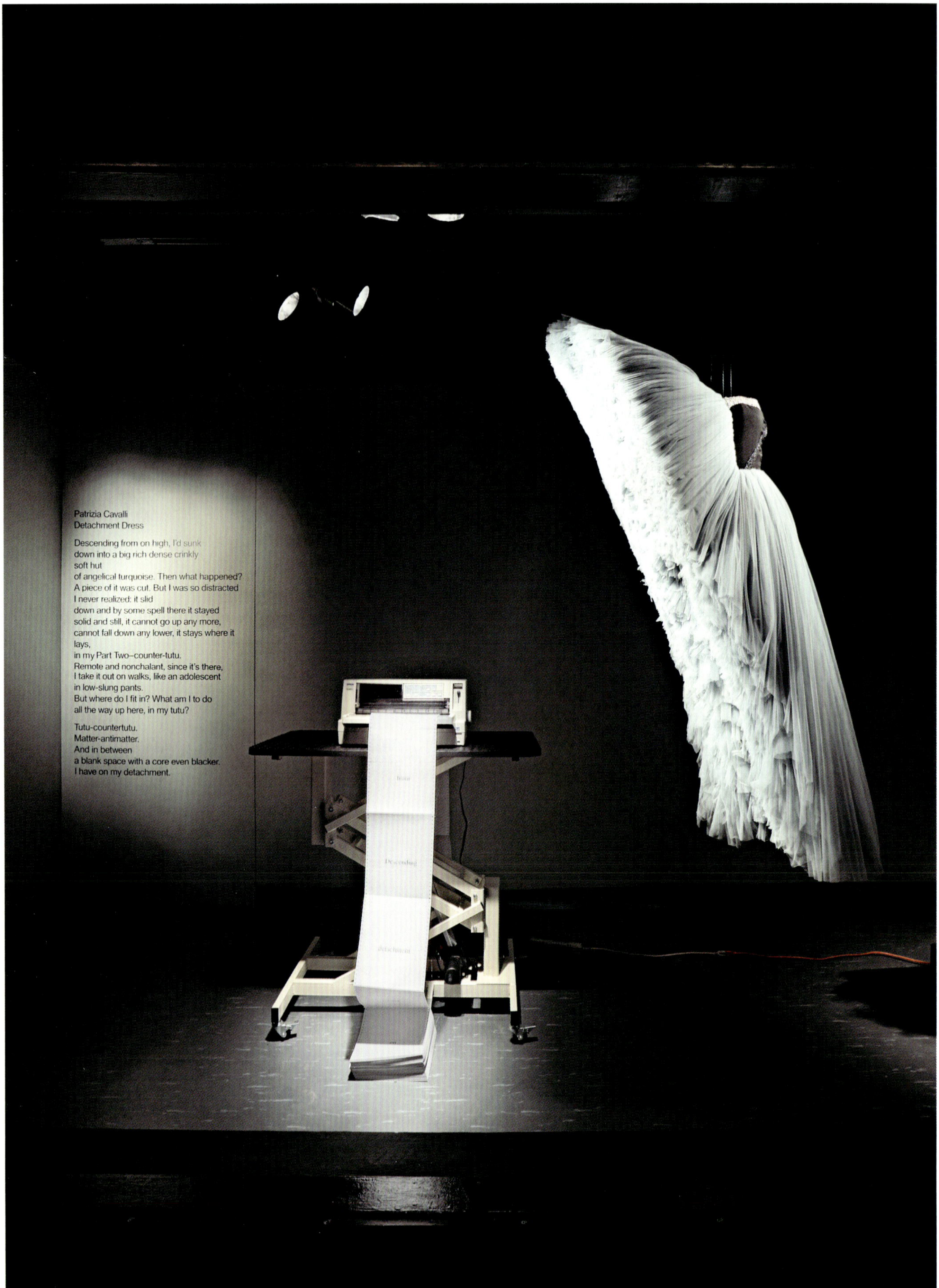
Patrizia Cavalli
Detachment Dress
Descending from on high, I'd sunk
down into a big rich dense crinkly
soft hut
of angelical turquoise. Then what happened?
A piece of it was cut. But I was so distracted
I never realized: it slid
down and by some spell there it stayed
solid and still, it cannot go up any more,
cannot fall down any lower, it stays where it
lays,
in my Part Two–counter-tutu.
Remote and nonchalant, since it's there,
I take it out on walks, like an adolescent
in low-slung pants.
But where do I fit in? What am I to do
all the way up here, in my tutu?
Tutu-countertutu.
Matter-antimatter.
And in between
a blank space with a core even blacker.
I have on my detachment.

「回転の早い消費財にしても、
競合するアメニティ市場にしても、
デザインにかかわる分野では
アートが主役になった」

ジェームス・B・トゥイッチェル[3]

前ページ：ヴィクター&ロルフ2010年春夏コレクションのドレスと、
それに寄せたパトリツィア・カヴァッリの詩を壁面に掲げた
バーニーズ・ニューヨークのウィンドウインスタレーション「デステ・ファッションコレクション」、2012年。
ウィンドウ外のスピーカーからは音が流れ、プリンタからは絶えず出力されている。

ミラノサローネ国際家具見本市で
『Wallpaper*』誌とコラボレーションした
セルジオ・ロッシの期間限定メンズブティック。
アントニーノ・カルディッロ設計、2010年ミラノ

アートキュレーターを起用し、たとえば文化批評家のジル・リポヴェツキーとヴェロニカ・マンローいわく、「前衛アーティストのキャンバスと化した」[4] ポップアップストアや店舗スペースのキュレーション、独自のウィンドウディスプレイの展開など、多様な策を講じている。こうしたアートの香り漂う新しい店舗空間の「オープニングは今やパフォーマンスだ。コンテンポラリーデザイナーや現代アーティストによってオリジナル作品が制作され、店内にディスプレイされる。現代は異分野を融合させる時代、つまりアートとファッションのハイブリッドの時代である」[5]

伝統的な美術館やギャラリーが先鋭デザイナーの大回顧展を通じてファッション界との連携を強めるなか、プラダ、ルイ・ヴィトン、エルメス、カルティエなど業界大手のブランドは、独自に現代アートの収集・展示を専門とするアート財団を設立して芸術への投資と支援を始めている。こうした非営利組織の多くは著名な建築家デザインによる建物内に設置され、世界的に評価の高い充実した現代アートコレクションを収蔵している。これらの財団にはデザイナーやCEOの個人的な芸術的関心が反映されることが多い。たとえばミウッチャ・プラダは夫のパトリッツィオ・ベルテッリ（プラダのCEO）とともに1993年にプラダ財団を設立し、2年後にグッゲンハイム美術館のシニアキュレーター、ジェルマーノ・チェラントをアートディレクターとして起用した。プラダ財団は現在、コールハースが手がけたミラノとヴェネツィアの展示スペースを拠点とし、アニッシュ・カプーア、ダミアン・ハースト、ジェフ・クーンズなどのオフサイト展や独自プロジェクトの主催・運営を行っている。また前述のケリングのトップ、フランソワ・ピノーは世界でもっとも影響力のあるアート収集家のひとりだ。ヴェネツィアのフランソワ・ピノー財団は、同氏の幅広いコレクションを展示するほか、専門のアートチームがキュレーションを行う単独展の開催など、2つの歴史的建物を拠点として活動している。これら大手財団が手がける展覧会は公的機関のそれに匹敵する規模を持つといわれる。また重要なのは、財団が自ら批評性を維持し、世界有数のキュレーターやコンサルタントを起用していることだ。財団の多くは芸術賞を後援しているが、マックスマーラ・アートプライズ・フォー・ウィメン、ブルガリ・アート・アワード、ヒューゴ・ボス・プライズ、フルラ・アート・アワードなど、ブランド単独でスポンサーとなる場合もある。

このように、ファッションブランドが財団や美術館、すぐれた建築様式の店舗スペースを展開するに伴い、かつて店舗と美

毎シーズンのショーに合わせて
建築家レム・コールハースの事務所AMOがリデザインを手がける
プラダ財団の展示スペース、ミラノ

術館とのあいだに存在した境界は急速に薄れている。広告批評家で文化史家のジェームス・B・トゥイッチェルはこう語る。「現代では百貨店と美術館が一体化している。（中略）どこもかしこもモノを自慢し、ブランドの焼き印を押すことに終始しているのだ。（中略）我々は、額に入れられライトに照らされた“芸術品”をガラス越しに見つめる。ウィンドウのなかの着飾った美しいマネキンにポカンと見とれる。まるで商品タグに目を通すように、絵画に添えられた展示品ラベルを見つめる。我々は金を使う前には出自を—失礼—つまりブランドを確かめないと気が済まないのだ」。[6] トゥイッチェルは、美術館と店舗の境界があいまい化した背景には、1960年代に端を発した文化的変化があると見ている。この頃「我々の文化は、芸術の門番からチケット係へ、資産保護から娯楽活動へと変化し、美術館は現代版芸術のパトロン——つまりは（美術館で）買い物を楽しむ観光客——の獲得競争を強いられた。と同時にハイエンドの小売店は美術館へと昇華し、それに伴って（店舗空間の）観光を楽しむ買い物客をもたらしたのである」[7]

斬新な建築の高級ブランド店舗は、そこで販売されるファッションアイテムに、美術館に陳列されたファインアートと同等の知覚価値を与えるだけでなく、それ自体がブランドアイデンティティの一部となる。つまり消費者は、最先端の建築とそのブランドとを重ね合わせ、彼らが求めてやまない芸術的「真正性」という感覚を実感する。一方でミュージアムショップは、従来型の美術館やギャラリーの重要な収入源となり、来館者にアート作品のミニチュア版を安価で購入できる機会を与えている。21世紀のメディチ家として、ファッションメゾンは世界的に価値ある現代アート作品を収集し、財団や美術館、展覧会や特別企画を通じて芸術支援を行うことで自社のブランド力と影響力を高めている。だとすれば、「すべての百貨店は美術館になり、すべての美術館は百貨店になるだろう」というアンディ・ウォーホルの有名な言葉も、今世紀中に現実となるかもしれない。[8]

ゼニアの生地を使ったルーシー+ジョージ・オルタの“Dome Dwelling（ドーム型の住居）”、ゼニア アートの制作委託プロジェクト2012年

254—
ファッション×アート×建築

セルジオ・ロッシ×アントニーノ・カルディッロ

Sergio Rossi & Antonino Cardillo

年に一度ミラノで開催される世界的なデザインの祭典、ミラノサローネ国際家具見本市。2010年のミラノサローネでは、イタリアの靴ブランド、セルジオ・ロッシとデザイン雑誌『Wallpaper*』とのコラボレーションによる期間限定メンズブティックが開設された。デザインを担当したのは、シチリアの建築家アントニーノ・カルディッロだ。ミラノのセルジオ・ロッシ店舗内に期間限定で設置されたショップは、2シーズン継続した後、ロッシのメンズコレクションとともに世界各地を巡回した。モロッコのギャラリー・ラファイエット・カサブランカ店では、ロッシが委託した現地のデザイン会社ユーネス・デュレ・デザインが幾何学的なディスプレイ棚を制作するなど、各国の現場では独自の店舗デザインが展開された。

カルディッロのデザインは、たとえばローマのサンタ・マリア・イン・コスメディン聖堂内にある中世の聖歌隊室、あるいは15世紀の建築家レオン・バッティスタ・アルベルティがエルサレムの聖墳墓教会を模してフィレンツェのルチェライ礼拝堂内に設置した小さな聖墳墓など、建物内に別の建物を組み込むという過去の建築に繰り返されたテーマ、「内包」の概念を中心に据えている。ミラノ店内での期間限定ショップ立ち上げに際して、カルディッロは格子状に組まれたむき出しの木の梁が特徴的な既存の店舗空間を生かし、垂直面をリズミカルにつなげて大聖堂の天井を想起させる流れをつくり出した。カラーパレットはライトグレーで統一し、ベルベットのカーテンで装飾している。聖と俗の世界を同次元に置くことで、ファッションアイテムが店内で展示・鑑賞される際の厳粛さを増幅も破断もできるというのがデザインの意図である。背の高い台座に点在して置かれた靴は展示作品のようにダウンライトで照らされ、美術館さながらの雰囲気がこの空間での体験にいっそうの重厚感をもたらしている。

次ページ、256-57ページ：ミラノサローネ国際家具見本市で『Wallpaper*』誌とコラボレーションしたセルジオ・ロッシ期間限定メンズブティック。アントニーノ・カルディッロ設計、2010年ミラノ

"Sergio Rossi e
collaborano per aprire
calzature maschili
dell'uomo "Sergio
sicuro nel gioco
riflesso dell'elegan
disinvolta. Il negozio è
uno dei talenti più
acclamati dalla critica
italiana.
presentate
le
l'impegno di
l'incessante
classici
VIA
LANDO

ブレスショップ

Bless Shops

下：ブレスショップ#45、金属弦のカーテンを用いたインスタレーション作品。
アーネム・モード・ビエンナーレ、2011年
次ページ、260-61ページ：ベルリンのブレスショップ・ホーム

アヴァンギャルドな洋服とデザインで知られるブレスは、パリジャンのデジレー・ハイスとベルリンを拠点とするイネス・カーグによって1996年に設立された。彼らの生来アーティスティックな活動を考えれば、美術展への出品依頼が絶えないのもうなずける。だが2人のデザイナーはアートの文脈で作品を見せることには懐疑的だ。「私たちのファッション観からすれば、過去の商品を何度も展示するのは無意味なこと。今この瞬間のための作品であって、展覧会を想定してデザインした訳ではありませんから」。[9] 引きも切らない出展依頼に対して、2人は2000年にブレスショップをオープンさせるという結論を出した。これは期間限定ショップと、美術館のエキシビションさながらのインスタレーションとを組み合わせた空間だ。以来、ハイスとカーグは北京、ベルリン、パリ、ニューヨーク、ブリュッセル、東京、トロントなど世界各地に25店舗近くのポップアップストアを展開してきた。サイトスペシフィックなインスタレーション作品と服の陳列で構成される空間は、既存の店舗形態に一石を投じている。たとえば2000年のイエール国際モード&写真フェスティバルでは、3つの部屋にテーブルをいくつか設置し、掲載記事の切り抜きとともに商品を展示した。2001年のアムステルダムでは、ブレスショップを設置したブティックのウィンドウをすべて商品で覆い、内部を完全に空の状態にした。そして2000年のヴェルクライツ・ビエンナーレでは、主催地のあらゆる店舗で——美容院ではブラシやファーのかつら、靴屋ではブーツソックスとカスタマイズ可能な靴、家具店では「チェアーウエア（椅子カバー）」など——ブレス商品を展示・販売した。この背景には、「失業問題によって壊滅的となった地域経済に直接向き合う」ことをビエンナーレ来場者に呼びかける意図があった。[10]

262—
ファッション×アート×建築

ルイ・ヴィトン店舗デザイン

Louis Vuitton store design

ルイ・ヴィトンの路面店はファッション、アート、建築を完璧なまでに統合し、21世紀の店舗デザインに革命を起こした。フランスの老舗ラグジュアリーブランド、ルイ・ヴィトンは、潤沢な資産を盾に世界的な有名建築家を起用することで、従来の店舗空間の概念を覆すというファッション界での潮流の先鞭をつけた。ルイ・ヴィトンが先導しているのは、ハーバード大学教授モーセン・ムスタファヴィによると「高級ブランドの店舗が重要な建築フォーラムになった」時代である。そしてその時代背景にはルイ・ヴィトンの存在が大きいという。[11]「数多くのプロジェクトを通じて、ルイ・ヴィトンの店舗デザイン部門は新たな分野の確立を目指し、絶えず変化する環境のなかで建築のあり方を追求し続けている」[12]

2011年刊行のビジュアルブック『Louis Vuitton:《ルイ・ヴィトン:》 Architecture & Interiors《建築&インテリア》』では、ピーター・マリノ、エリック・カールソン、青木淳といった有名建築家とコラボレーションした数々の建築プロジェクトを紹介している。ルイ・ヴィトンは現地の建築家を起用することも多く、たとえば日本では6店舗のうち5店舗の設計を青木が担当した。だが壮大な規模以外で何といっても特徴的なのは、ひとつの店舗内に、ビデオディスプレイ、期間限定アートインスタレーション、半永久的な展示スペースが共存する、革新的なマルチメディア・ブランディングだ。過去15年間におけるデジタル技術の発達により、設計の初期段階で建築物に造形と装飾の要素を組み込むことが可能になった。ルイ・ヴィトンは1870年代から商品の真正性の証としてブランドの象徴、ダミエを用いてきた。そう考えれば、旗艦店の壁面にロゴやダミエのエンボスを施すなど、建築プロジェクトにおいても包括的ブランディングが浸透しているのは当然だろう。

このようにルイ・ヴィトンは総合的なマルチメディア・ブランディングを徹底させ、現代美術家とのコラボレーションを通じた店舗改革を進めている。2002年、村上隆とのコラボレーション作品の発表では、店の外観を村上のデザインによるカラフルな「LV」モノグラムで装飾し、店内インスタレーションにはキャラクターの大型オブジェを登場させた。2012には草間彌生とのコラボレーションによるコレクションを展開し、同時に草間のアイコンであるドット柄の服と小物限定のポップアップストアを世界各地に6店舗設置した。一方、既存店のウィンドウに商品展示は一切なく、代わりにタコの足のようなドット柄の巨大オブジェと草間人形がディスプレイされた。また2012年7月には、ホイットニー美術館で開催された草間の回顧展と連動して、ルイ・ヴィトンのニューヨーク5番街店のファサードはドット柄一色に染まった。

次ページ、264-65ページ：
ピーター・マリノがデザインしたルイ・ヴィトンローマ店の内観

フォンダシオン ルイ・ヴィトン

Fondation Louis Vuitton pour la création

上：建築家フランク・ゲーリー設計による
フォンダシオン ルイ・ヴィトンの立体模型

「美術館とは、公園で憩う若者たちに“ねえ！　あそこに行ってみたい”と思わせる空間でなければならない」

フランク・ゲーリー

ルイ・ヴィトンは、ビジュアルアートとの多岐にわたる関係を芸術の後援というスタンスで捉えている。クリエイティブディレクターのマーク・ジェイコブスが、現代美術家との注目のコラボレーションによる長期プロジェクトを仕掛けたことは周知のとおりだ（122-29ページおよび224-27ページ参照）。だがルイ・ヴィトンとアート界とのかかわりはそれだけではない。2006年には、シャンゼリゼ通りにあるパリ本店の7階に展示会場を設け、ヴァネッサ・ビークロフトによる写真とビデオの未発表作品を初公開した。

ルイ・ヴィトンはパリに現代アートの大規模な展示空間、フォンダシオン ルイ・ヴィトンを設立し、アート界との関係をいっそう強固なものにしている。それ自体が現代建築のアイコンとなるこの建物は、スペインのビルバオ・グッゲンハイム美術館などを手がけたプリツカー賞受賞建築家、フランク・ゲーリーの設計だ。ルイ・ヴィトンの親会社、LVMHグループの会長兼CEOのベルナール・アルノーによれば、フォンダシオン ルイ・ヴィトンの目的は、この時代の巨匠の作品展を通じて「できるだけ幅広い層に20-21世紀アートに触れる場を提供すること」である。[13] LVMHはとくに若い世代の動員を目指し、年間およそ150万人の集客を誇る家族向けの憩いの場、アクリマタシオン庭園の近郊を選んだ。ゲーリーは「美術館とは、公園で憩う若者たちに“ねえ！　あそこに行ってみたい”と思わせる空間でなければならない」と語る。建物の具体的なデザインについては周囲の環境にも触発されたという。「この場所はブローニュの森とアクリマタシオン庭園とのあいだに位置する。ガラスの温室というコンセプトがふさわしいのは一目瞭然だった」。公園の緑に呼応する屋上ガーデンテラスを組み込んだガラス張りの構造について、ゲーリーはこう説明した。この建物はコンテンポラリーブランド、ルイ・ヴィトンの価値にふさわしく、遊び心も真摯さも持ち合わせているという。竣工後は財団のコレクションによる常設展とともに企画展も開催される予定だ。

モンブラン：カッティングエッジ・アートコレクション&アートバッグ

Montblanc: Cutting Edge Art Collection & Art Bags

高級筆記具、時計、ジュエリーを展開するドイツのブランド、モンブランは、ルイ・ヴィトン、エルメス、グッチなど、服と小物を扱う老舗ラグジュアリーメゾンのように頻繁に商品を刷新することはできない。モンブラン特有の市場は、一般的な小物市場よりも保守的であり、そのため意匠的な変革も徐々にしか進められない。だが1906年創業の歴史あるブランド、モンブランには新たな世代に訴求する取り組みが求められた。そこで重要な役割を果たしているのが現代アートの支援である。

21世紀の幕開け以降、モンブランが収集してきた現代アート作品の常設コレクションは、カッティングエッジ・アートコレクションと呼ばれる。もともとはモンブラン文化財団のディレクター、イングリッド・ローゼン=トリンクスによって収集されたこのコレクションは、現在ではトーマス・デマンド、リアム・ギリック、シルヴィ・フルーリー、ホルヘ・パルド、ファン・リジュンなど160以上の作品から成り、ドイツ、ハンブルグの本社内ではガイド付きツアーも行われている。さらに2005年には「モンブラン・ヤングアーティスト・パトロネージ」を開始。これは、新進アーティストにモンブランの象徴「ホワイトスター」をモチーフとした作品の制作委託をするプログラムだ。完成した作品は各国のモンブラン店舗に展示され、アーティストの認知度を世界的に高めている。グローバルな高級品市場での中国の経済的重要性を反映するように、同プロジェクトは後に、ファン・リジュン、チン・ユフェン、ジュウ・ジンシーなど著名な中国人現代美術家とのコラボレーションに発展した。

モンブランの現代アートプロジェクトでもうひとつ特筆すべきは、「モンブラン・アートバッグ」である。シャンゼリゼ通りの旗艦店オープンを記念し、アーティストのジャン=マルク・ビュスタモント、シルヴィ・フルーリー、ゲイリー・ヒューム、デビッド・ラシャペル、サム・テイラー=ジョンソン、アンヌ&パトリック・ポワリエは、ホワイトスターを配した3メートルのアルミ製ショッピングバッグのインスタレーション作品を制作した。これらのオブジェは後に世界各地のアートイベントやモンブランの店舗前に展示された。モンブランは2011年に7番目のバッグとしてマルセル・ファン・エーデンの彫像を加えている。またアートコレクション10周年を迎えた2012年には、芸術家デュオ、エヴァ&アデーレによる31の絵画作品と中国人美術家のゾウ・ツァオ、マー・ジュイン、ホワン・ミンによる新たなアートバッグ3作品からなる新プロジェクト"Montblanc《モンブラン・》 Target Orange《ターゲット・オランジュ》"を発表した。

次ページ：「モンブラン・アートバッグ」プロジェクトでデビッド・ラシャペルがデザインした作品"Amanda as Marilyn（マリリンに扮したアマンダ）"、2003年。アルミ製高さ3メートルのバッグにはマリリン・モンローを真似たトランスジェンダーモデル、アマンダ・ルポールが描かれている

カルティエ現代美術財団

Fondation Cartier pour l'art contemporain

プリツカー賞受賞建築家、ジャン・ヌーヴェルの設計によるひときわ印象的な半透明の建築。周囲を自然の緑に囲まれるカルティエ現代美術財団は1994年に設立され、今ではパリでもっとも愛される美術館のひとつである。1980年代にフランス人芸術家セザール・バルダッチーニの提案で、フランスの宝飾ブランド、カルティエの当時の社長アラン・ドミニク・ペランが始動させたこの事業は、きわめて優美な形で企業メセナを展開している。財団は多方面にわたるジャンルやメディアの現代アートを支援し、所蔵コレクションは定期的に外部の機関にも貸し出される。重要なのは、レジデンスプログラムの後援や、蔡國強《ツァイ・グオチャン》や宮島達男といったアーティストへの制作委託を通じて、財団が新たなアートの創作を支援している点だ。ソワレ・ノマード（遊牧のイヴニング）と題したイベントではパフォーマンスアートを中心に据えるなど、異なる形の芸術表現も積極的に取り入れている。

カルティエ現代美術財団が選定・収集するジャンルにはファッションも含まれる。1998年には、三宅一生の重要な作品展「Issey Miyake: Making Things」を行い、森村泰昌や蔡國強《ツァイ・グオチャン》とのコラボレーション作品を展示した。2004年にはデザイナーのジャンポール・ゴルチエを招聘して「パン・クチュール」展を開催。クチュール（服飾）とキュイジーヌ（料理）という、ともにフランスの誇る伝統文化をウィットに富んだ視線で見つめ、有名な円錐形《コーン》ブラ付きのコルセットなど、ゴルチエ・デザインを本物のパンで再現した。ドレスは異彩を放ち、マリー・アントワネットの「ケーキを食べればいいじゃない」という誤用されることで有名な言葉を想起させる、味わい深い装飾物《フォリー》だった。

上：コルセットなどジャンポール・ゴルチエ・デザインの服がパンで再現された「パン・クチュール」展のインスタレーション、2004年。
前ページ：ジャン・ヌーヴェル設計によるカルティエ現代美術財団の外観

プラダ店舗設計

Prada store design

前衛建築デザインへの傾倒はプラダの企業文化のひとつであり、そこからまったく新しい発想の店舗が誕生している。オランダのロッテルダムを拠点とする建築家、レム・コールハースの設計事務所OMA（Office for Metropolitan Architecture）とシンクタンクのAMO（Architecture for Metropolitan Office）はプラダと連携し、2001年にはUSドルで3000万規模のプラダ初のエピセンターとなるニューヨーク店を、次いでロサンゼルスとサンフランシスコの店舗をデザインした。またAMOは――通常は、本社に隣接する工場を改装した広大なプラダ財団（278-79ページ参照）内のスペースで展開される――ミラノコレクションのメンズ・レディスのショー空間もデザインしている。

プラダのエピセンターは店舗空間と文化的空間が融合したユニークな事例だ。たとえば、ダウンタウンの元グッゲンハイム美術館を改装したニューヨーク・エピセンターには、木製の大階段正面にスケートランプさながらの大きくスロープ状に下りる床が設けられ、アート展を開催できる空間が広がっている。地球の反対側では、スイスの建築事務所ヘルツォーク&ド・ムーロンが東京青山のエピセンターを設計。建物の外皮をすべて菱形の格子ガラスで覆った6階建ての路面店には、店舗、ストックルーム、オフィスが配置され、青山周辺でもひときわ目を引く建築として存在感を放っている。プラダ財団のディレクターであるジェルマーノ・チェラントは、この建物を「まだ存在しない次元に向かって自身を投影させる、フォルムを超えた試み」と解釈している。[14]

前ページ：プラダのニューヨーク・エピセンターでは
天上から陳列用ケージがつり下げられている。
下：デザインスタジオ2×4が手がけた
60メートルにわたる期間限定の壁紙、ニューヨーク・エピセンター

ジブラの木でできた「波」のスロープが
うねるように地階へと下りている。
OMA ／ AMOレム・コールハース設計による
プラダのニューヨーク・エピセンター

PRADA

前ページ：スイスの建築家ユニット、ヘルツォーク&ド・ムーロン設計による
6階建てのプラダ・エピセンター、東京
本ページ：OMA ／ AMOレム・コールハース設計による
プラダのロサンゼルス・エピセンター。
フルオープンの正面エントランス（写真下）、
温湿度を保つエアカーテンと舗道面に沈み込むディスプレイウィンドウ。

プラダ財団

Fondazione Prada

デザイナーのミウッチャ・プラダと夫でプラダCEOのパトリツィオ・ベルテッリは、1993年に現代アートを支援する非営利団体としてミラノにプラダ財団を設立した。その2年後、世界的に有名なキュレーターで美術史家のジェルマーノ・チェラントが財団のディレクターに就任する。チェラントの監修のもと、プラダ財団は規模を増し、評価を高めていくとともに、後援するプロジェクトの分野も、建築、デザイン、映像、さらには科学にまで拡大していった。財団が（ディア芸術財団と共同で）支援した初期のプロジェクトで瞠目すべきひとつは、1997年にミラノのサンタ=マリア教会で発表された大規模な蛍光照明の常設インスタレーションである。この作品は、ミニマルアートを代表するアメリカ人芸術家で彫刻家のダン・フレイヴィンが1996年11月に亡くなる直前にデザインしたものだった。

プラダ財団はミラノの既存展示スペースで著名な現代アーティストによる大規模な展覧会を開催しているが、このほか2011年にはヴェネツィアのグラン・カナル沿いにある指定文化財「カ・コルネール・デッラ・レジーナ」にも新たな展示スペースを開設した。建物の改修は、オランダ人建築家で長年プラダの仕事を手がけてきたレム・コールハースが統括した。こけら落としイベントでは、財団の常設コレクションとともに、世界的な名作コレクションよりアニッシュ・カプーア、マイケル・ハイザー、ジェフ・クーンズの彫刻大作や、ウォルター・デ・マリア、ジョン・バルデッサリ、チャールズ・レイ、ダミアン・ハースト、ルイーズ・ブルジョワ、ブリンキー・パレルモ、ブルース・ナウマン、ピーノ・パスカーリ、ドナルド・ジャッド、フランチェスコ・ヴェツォーリ、マウリツィオ・カテランの作品が展示された。

ミラノにあるプラダ財団の常設展示スペース

280—
ファッション×アート×建築

プラダ トランスフォーマー

Prada Transformer

プラダの建築プロジェクトのなかでもひときわ意義深いのは、オランダ人建築家レム・コールハースの事務所OMAの設計による期間限定美術館、プラダ トランスフォーマーだろう。伸縮性のある皮膜で覆われた基本骨格の四面体は、展示内容に合わせて姿を変容させる。クレーンを使用して建物を回転させる仕組みだ。プラダ トランスフォーマーは、ソウルの中心部に位置する慶熙宮《キョンヒグン》に隣接して2009年に設置され、3カ月間にわたって回転・変容しながら一連のエキシビションを繰り広げてきた。「文化、ファッション、建築、映画、そしてアートというプラダの多岐にわたる活動が初めて一堂に会した」と、プラダのCEO、パトリツィオ・ベルテッリは語る。このパビリオンで開催されたイベントには、映画『バベル』のアレハンドロ・ゴンザレス・イニャリトゥ監督と映画評論家のエルビス・ミッチェル選定による映画上映や、プラダのスカート展「Waist Down－スカートのすべて」(166-67ページ参照)などがある。回転構造の最終ステージでは、地元の大学生主催によるファッション、建築、グラフィックデザイン、映像、マルチメディアといった領域横断的な独自のイベント、パフォーマンス、エキシビションが披露された。

280、281ページ：
OMA ／ AMOレム・コールハース設計による
プラダ トランスフォーマーを回転させた2つの例、
2009年ソウル

インタビュー：
デニス・フリードマン
バーニーズ・ニューヨーク

Dennis Freedman, Barneys New York

アメリカの高級百貨店バーニーズ・ニューヨークとアートの関係には長い歴史がある。近年では2012年、ギリシャのアート収集家ダキス・ヨアヌーが設立したデステ現代美術財団とのコラボレーションで「デステ・ファッションコレクション」展を開催した。現在も継続中のこのプロジェクトでは、毎年、現代アーティストを迎え入れている。財団はアーティストが選んだ文化的に重要な意味を持つファッションアイテム5点を入手し、アーティストはそこから得たインスピレーションをもとにオリジナルの作品を創作する。こうしてニューヨークのマディソン街にあるバーニーズ旗艦店のウィンドウには、デザインスタジオM／M、写真家のユルゲン・テラー、デザイナーのヘルムート・ラング、詩人のパトリツィア・カヴァッリ、映画監督のアティナ・ラシェル・ツァンガリによる作品が展示された。

バーニーズでは、2011年からクリエイティブディレクターを務めるデニス・フリードマンが写真&ビデオ広告、グラフィックデザイン、店舗デザイン、ビジュアルマーチャンダイジングを統括している。また彼はウィンドウディスプレイの「キュレーター」でもあり、アーティスト、デザイナー、その他のコラボレーターと連携して個性的なインスタレーションやタブロー、ジオラマ作品を打ち出している。バーニーズ以前は、創刊以来20年間クリエイティブディレクターを務めた雑誌『W』でファッションとアートの融合という当時として新しい視点を持ち込み、写真家のスティーブン・クライン、ブルース・ウェバー、マリオ・ソレンティとの協働で画期的な誌面づくりに貢献した。

下：アートディレクター、アルベール・エルバスの
就任10周年を記念してランバンのデザインを陳列した
バーニーズ・ニューヨークのウィンドウディスプレイ、2012年

ミッチェル・オークリー・スミス（以下MOS）：*たとえばバーニーズの芸術的なショーウィンドウのように、買い物をするにも何らかの体験が求められる時代になったのでしょうか？*

デニス・フリードマン（以下DF）：そう思います。最終的には、うまく消費に還元させることが狙いです。デステ財団のプロジェクトでも、作品の90パーセントは弊社の商品ですから。

MOS：*インスタレーションを制作したアーティストには、いわゆる巨匠と呼ばれる人もいます。となると、ショーウィンドウはアート作品になり得ますか？*

DF：いえ、アートではなく応用美術だとはっきりいえます。主役はインスタレーションの中心となる靴やバッグ。芸術のための芸術ではないのです。

MOS：*デステとの協働は、店舗空間という文脈で考えると非常に興味深いです。このプロジェクトのきっかけは？*

DF：これまでにない企画だと思います。ダキス（ヨアヌー）とは『W』誌の取材で知り合い、2人とも20世紀後半の家具が好きということもあってその後も交流がありました。6年ほど前、彼は三宅一生のドレスを表紙にした1982年の『Artforum』誌がどうしても忘

「これはアートではなく
応用美術だとはっきりいえます。
主役はインスタレーションの
中心となる靴やバッグ。
芸術のための芸術ではないのです」

デニス・フリードマン

上、次ページ：機械的にオブジェを整列させた
バーニーズ・ニューヨークのウィンドウインスタレーション、2012年

285 —
バーニーズ・ニューヨーク

れられず、ファッションの世界に飛び込む決心をしました。そして5年後、彼からこの企画について聞きました。ニューヨークで展示できる美術館を探しているというので、「マディソン街にウィンドウが5つあるよ」と、私はここでの展示を提案したんです。話はすぐにまとまりました。

MOS：*インスタレーションを創作するプロセスを教えてください。*

DF：ファッションだけでなく芸術や演劇やテクノロジーにもかかわる創作は刺激的ですし、バーニーズらしいともいえるでしょう。何か動く仕掛けをしたい。でもスマートなディスプレイには飽きている。そこでモーターと安い材料を使った機械仕掛けを思いつきました。それからビデオ。最新のテクノロジーを使わずに映像を見せるんです。アナログの方が無骨で力強い感じもするでしょ。もうひとつの特徴は音響を多用すること。ウィンドウに合わせてサウンドとBGMを流すのが非常に効果的です。写真では伝わらない表現ができますからね。

MOS：*デステ・プロジェクト以外でウィンドウディスプレイの制作を委託する場合、コラボレーションの形を取りますか？*

DF：コラボレーションからコミュニケーションまで、やり方はさまざまです。2011年には（ニューヨークを拠点に活動する画家）エラ・クルグリャニスカヤに、ウィンドウ用のオリジナル絵画を5点描いて欲しいと依頼しました。彼女の作品は非常にパワフルですから。後にその絵が売れて彼女はギャヴィン・ブラウンのアートギャラリーで大規模な展覧会を開いたんです。こちらは完全にアートプロジェクトでした。我々はコラボレーションを基盤として、できるだけ幅広い分野のさまざまな人と仕事をしようと思っています。こうしてニコラ・ゲスキエール、エディ・スリマン、アルベール・エルバスとの商業的な協働プロジェクトにも広がりました。はっきりいえるのは、コラボレーションによって単独では生み出せない、非常に面白い結果が出せるということでしょう。

セルフリッジズ：ウィンドウディスプレイ ミュージアム・オブ・エブリシング &トレイシー・エミン

Selfridges : Store windows, The Museum of Everything & Tracey Emin

1909年創業のセルフリッジズは、現在もマルチブランドを抱える世界有数の百貨店であり、100年以上にわたって英国の小売業界を牽引してきた。ロンドンのオックスフォード・ストリートにある旗艦店正面ではガラスのショーウィンドウが広範囲に連なり、著名アーティスト、写真家、文化人、音楽家による斬新な商品ディスプレイやインスタレーションが定期的に展開されている。ラグジュアリー商品と流行のポップカルチャーをブレンドした期間限定ウィンドウは、今やセルフリッジズの代名詞となっている。

2011年に行われた現代アートの巡回展「ミュージアム・オブ・エブリシング」は、ショーウィンドウと地階部分を200以上の初公開アート作品で埋め尽くすというセルフリッジズ史

上最大のインスタレーションとなった。その第4弾ではポップアップストア「ショップ・オブ・エブリシング」を設け、クレメンツ・リベイロとの共同企画によるファッションアイテムや、「エブリシング・リミテッド」のブランド名でビスポークのコレクションと小物アイテムが販売された。このプロジェクト自体は、発達障害などを抱え独学で技術を習得したアーティストの作品を多数集めたものだ。大手ブランドのスポンサーによる注目のアートプロジェクトとは異なり、この美術展では無名の作家だけを取り上げ、彼らの型にはまらない自由な作風を紹介した。セルフリッジズの広報担当によると「普段は語ることのできない彼らの言葉を代弁した衝撃的な視覚言語は、見る側に"なぜこのアーティストたちが無名のままなのか"を問いかける」[15]

21世紀にセルフリッジズが主催したアートプロジェクトには、フォトグラファーズ・ギャラリーとの共同企画で、オランダのアーティストデュオ、エリー・イッテンブロークとアリ・ヴェルスルイスがロンドンっ子を服装やサブカルチャーをもとに分類した写真展「イグザクティテューズ」(2008年)、「ヴィヴィアン・ウエストウッド シューズ」展(2010年)、大英博物館とヴィクトリア&アルバート博物館の古代ギリシャやローマの彫刻を絵画に仕立て、2009年春夏のアレキサンダー・ワン、プリーン、ジル・サンダー、アレキサンダー・マックイーンのドレープ感豊かなドレスと並べたウィンドウディスプレイ「スタチュエスク」(2009年)などがある。

2011年には英国人アーティストのトレイシー・エミンとセルフリッジズとのコラボレーションが実現した。「ウォーキング・アラウンド・マイ・ワールド」と題した企画展ではエミン自身がキュレーターとなり、セルフリッジズの取り扱いブランドから選んだアスピナル・オブ・ロンドン、ヴィヴィアン・ウエストウッド、アトリエ・デュ・ヴァンなど多様な商品を店内のコンセプトストアに展示した。また彼女が所有するエミン・インターナショナルの所蔵コレクションから、この企画用に特別制作されたものも含め限定エディションの作品が並置された。訪れた人はエミン自身の世界観に触れるだけでなく、商品を購入して彼女の真似もできる。これはアート空間とショッピング空間との境界線があいまい化した実例である。プロジェクトの一環として、エミンは店内5カ所のウィンドウディスプレイも担当し、オックスフォード・ストリートに面した正面ウィンドウには、彼女自身を描いた等身大の作品とネオンサインが飾られた。最後に、このコラボレーションはロンドンのヘイワード・ギャラリーで行われたルイ・ヴィトン主催の大規模な回顧展「トレイシー：エミン：Love Is What You Want」と同時期に開催されたことも重要である。

上、前ページ：トレイシー・エミンがキュレーションを手がけた
セルフリッジズ内のコンセプトストア
「ウォーキング・アラウンド・マイ・ワールド」、2011年
288-89ページ：日本人アーティスト新木友行の作品が展示された
「ミュージアム・オブ・エブリシング」展、2011年

TOMOYUKI SHINKI
Tomoyuki Shinki from Japan's Atelier Incurve is a combat sports fanatic whose hysterical grapplers squash each other's bodies in fondly remembered matches, re-played at the Museum of Everything
The Museum of Everything
Exhibition #4 at Selfridges
Dear Window Shopper,
What you see before you is a reproduction of work by one of the many fine artists in Exhibition #4 at Selfridges.
The Museum of Everything is Britain's first, only & most successful space for the unintentional, untrained & undiscovered artists of the modern world. Our astonishing show is downstairs in the Ultralounge & contains over 200 paintings, drawings & sculptures. It is absolutely free & when you're done, we invite you on our buck to The Shop of Everything down the street in the Wonder Room for an almost free coffee in The Café of Everything.
The Museum of Everything is a registered charity.
For more information please visit www.musevery.com.

THIS WAY

上：セルフリッジズが開催した「ミュージアム・オブ・エブリシング」展の
特設店舗「ショップ・オブ・エブリシング」、2011年
前ページ：発達障害などを抱え独学で技術を習得したアーティストによる
200以上の作品を展示したセルフリッジズの地階。
「ミュージアム・オブ・エブリシング」展、2011年

292 —
ファッション×アート×建築

エルメス財団

Fondation d'entreprise Hermès

フランスの高級ブランド、エルメスのアートへのこだわりは、極上の手工芸品を生み出してきた輝かしい歴史を鑑みれば驚くにあたらない。エルメスは芸術家との定期的なコラボレーションを通じてブランドの顔ともいえるシルクスカーフの図柄を創作してきたが、そのほかにもアート展の後援や、アーティストにインハウスマガジン『Le Monde d' Hermès《エルメスの世界》』プロジェクトの制作委託を行っている。2008年に設立されたエルメス財団はより正式な芸術支援を担う機関であり、伝統的な手工芸の継承、国際的な教育の充実、生物多様性の保全といった活動を行う。財団は韓国の現代美術家に向けたエルメス財団美術賞、デザイン分野のエミール・エルメス賞という2つの芸術賞を主催している。さらに、フランスの工房での滞在制作「アーティスト・イン・レジデンス」のサポート、世界6都市（ベルン、ブリュッセル、シンガポール、東京、ニューヨーク、ソウル）における展示スペースの運営、大規模なパフォーミングアート・プロジェクトの実施など、その活動は多岐にわたる。

これまでにない新しいタイプの芸術支援として財団が手がけているのは、毎年4名の世界的アーティストに映像作品の制作を依頼するプログラム「H BOX」である。ビデオ作品は世界を巡り、建築家のディディエ・フィウザ・フォスティノ設計による組み立て式の移動映像上映室で披露される。財団によると、「H BOX」は「上映室、旅行鞄、そして現代に現れたレトロな道具箱を合体させたイメージ」だという。[16] 2006年のプロジェクト始動以来、「H BOX」はヨーロッパや北米の主要美術館や芸術施設を巡回し、20を超える映像作品が上映された。

エルメス財団による個展。シンガポールのエルメス・サードフロアで展開された大巻伸嗣のサイトスペシフィックなインスタレーション“Moment and Eternity（一瞬と永遠）”、2012年

ファッション×アート×建築

ゼニア アート

ZegnArt

ゼニア アートは、歴史ある伊高級メンズウエアブランドの親会社エルメネジルド・ゼニア・グループによって2011年に設立された。この独立財団は、パブリックアートや世界各地のエルメネジルド・ゼニア店舗で展示される作品の制作委託を担う。また発展途上国の美術館と連携し、「ゼニア アート・パブリック」の活動を後援している。この活動では、地元の中堅アーティストには新たなパブリックアートの制作を依頼し、若手に対してはローマ現代アート美術館での4カ月にわたる滞在制作をサポートする。キュレーターのチェチリア・カンツィアーニとシモーネ・メネゴイが運営するこのプログラムは「国境を越えた対話と相互交流を基本原則としている」。[17] 2012年に「ゼニア アート・パブリック」初のパートナー、ムンバイのドクター・バウ・ダジ・ラッド博物館と組んだプロジェクトでは、アーティストのリナ・サイニ・カラトゥが新作を手がけている。

ゼニア アートの特別プロジェクト第1弾 “Fabulae《ローマ》 Romanae《の伝説》” は、2012年にローマ国立21世紀美術館（MAXXI）で上映された。これは英国を拠点とする現代美術家デュオ、ルーシー+ジョージ・オルタの作品だ。キュレーターのマリア・ルイーザ・フリーザとの協働で実現したこのプロジェクトは、同美術館のグループ展「トリディメンショナーレ（3次元）」にも組み込まれている。ゼニアは、ミンモ・イョーディチェ、フランク・ティール、エミル・ルーカス、ミケランジェロ・ピストレットなど世界的な芸術家にも制作を依頼し、こうしてゼニアグループの精神と哲学に触発されて生まれた作品は、同ブランドの世界中の店舗で展示されている。

前ページ、上：ゼニア アートの制作委託プロジェクト。
ルーシー+ジョージ・オルタによる映像パフォーマンス
"Fabulae Romanae（ローマの伝説）" のスチール写真、2012年

ゼニア アートの制作委託プロジェクト。
ルーシー+ジョージ・オルタによる映像パフォーマンス
“Fabulae Romanae（ローマの伝説）”のスチール写真、2012年

298 —
ファッション×アート×建築

シャネル「モバイル アート」パビリオン

'Chanel Mobile Art' exhibition pavilion

香港、東京、そしてニューヨークと巡回したシャネルのアートプロジェクト「モバイル アート」。ファブリス・ブストーがキュレーターを務めたこのプロジェクトでは、サウンドウォーク、オノ・ヨーコ、ピエール・エ・ジル、シルヴィ・フルーリーなど、20組の世界的アーティストがココ・シャネルを象徴するキルティングバッグから着想を得て創作した作品が披露された。2008年にシャネルのアートディレクター、カール・ラガーフェルドはイラク出身で英国を代表する建築家ザハ・ハディドに、シャネルとハディドという2つのアイコンを融合した未来的な移動式パビリオンの制作を依頼した。パビリオンの外形は自然界の有機的なフォルムにインスピレーションを得たもので、まるで白い殻に包まれた軟体動物のようだ。ラガーフェルドはこのコラボレーションを絶賛し、ハディド作品への賛辞を惜しまなかった。「彼女は支配的だったポスト・バウハウスの美学から離反する道を見出した最初の建築家。そのデザインにはすぐれた詩歌と同様の価値がある。彼女の想像力は計り知れない」。[18]　巡回展の後、エキシビションは解体され、世界各国の百貨店で繰り返し展示された。ハディドのパビリオンは、シャネルよりパリのアラブ世界研究所に寄贈され、2011年以降アラブ諸国の現代アート展示施設として使用されている。

セントラルパークでオープニングを迎えた、
ザハ・ハディド設計によるシャネルのアートプロジェクト
「モバイル アート」のパビリオン、2008年ニューヨーク

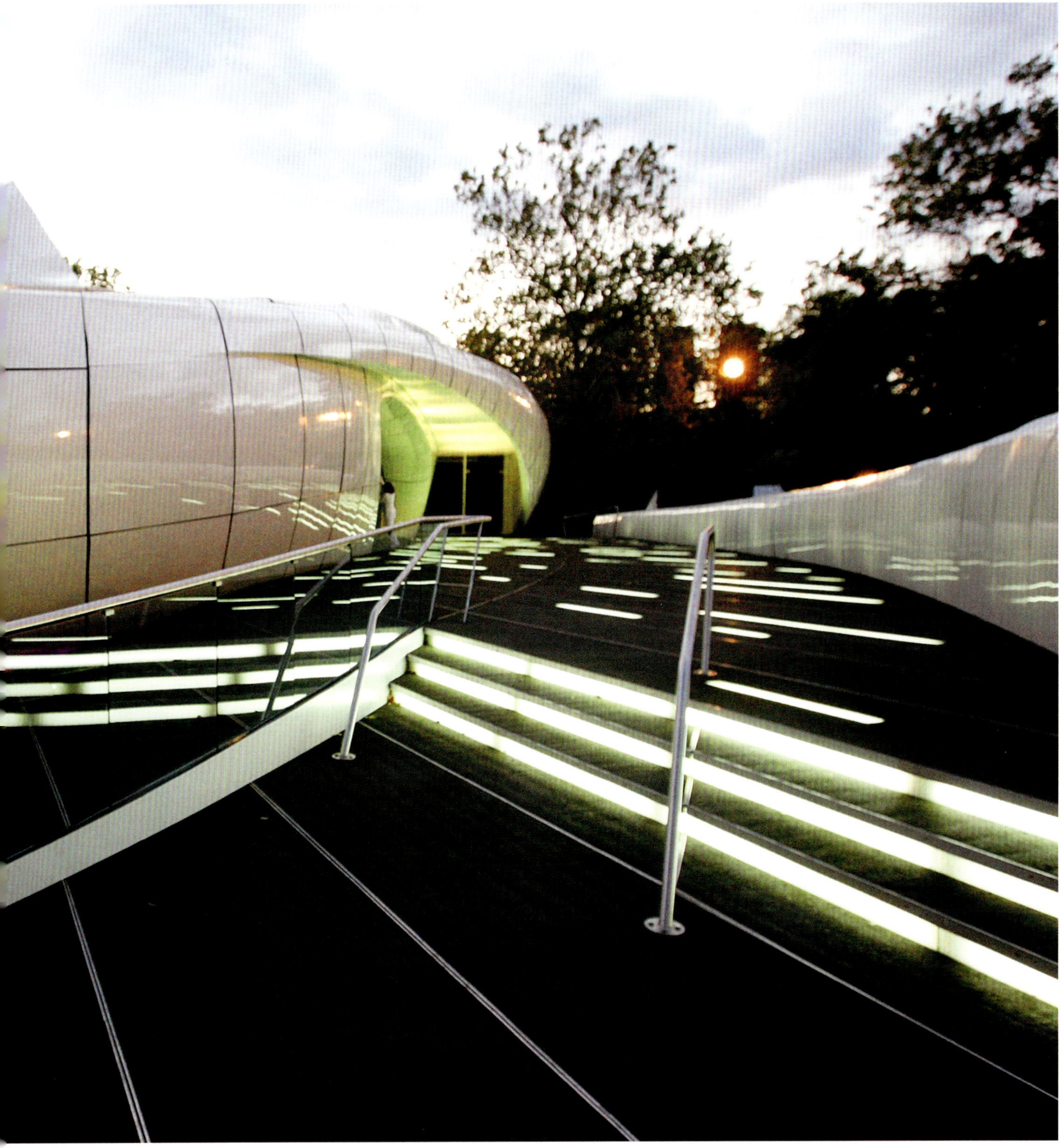

グッチ ミュゼオ

Gucci Museo

1921年にフィレンツェで創業されたグッチは、まさにグローバルな高級ブランドの代表格であり、そのロゴはイタリアデザインの象徴である。2011年にオープンしたグッチ ミュゼオは、フィレンツェ・シニョリーア広場近郊の由緒あるメルカンツィア宮殿の3フロアを占める美術館。ここではグッチの服と小物から成るアーカイヴの常設展示のほか、2003年にグッチを傘下に収めた仏コングロマリット企業、ケリングのフランソワ・ピノーが設立したピノー財団の後援による現代アート展を行っている。美術館の「コンテンポラリーアートスペース」で開催されるこのエキシビションは、グッチの長年にわたるフィルム財団への支援を反映し、映像とニューメディアを中心に据えたものだ。一方の常設コレクションは、グッチのアイコン商品やモチーフによるテーマ別のギャラリーに展示されている。たとえば花柄のスカーフで知られる「フローラワールド」、GGロゴの軌跡を追った「ロゴマニア」、特別仕様のキャデラックからジェットセッターのあいだでグッチの名を広めた極上のトランクまで、旅行をテーマにした「トラベル」などだ。

グッチの歴史は、20世紀のセレブリティ文化の発展と密接なかかわりがある。それを象徴するのがコレクションと並んで展示された有名人の写真だ。ギャラリーには、グッチを身につけたソフィア・ローレンなど、数々のセレブ写真がディスプレイされた。また展示のそこかしこには、クリエイティブディレクター、フリーダ・ジャンニーニの掲げる「Forever Now」というフィロソフィーが息づき、過去と現在の文脈におけるグッチの位置づけを確立させている。だがグッチ ミュゼオは、やはりラグジュアリーブランド帝国、グッチの今現在のステイタスの表象だろう。グッチは既存の美術館での回顧展を待つことなく、独自のギャラリー空間を設けることでその歴史を提示しつつ、一方で綿密な選定・収集をもとにした現代アートとの親和性も保っている。

テーマ別に展示されたグッチ ミュゼオの
「ロゴマニア」ギャラリー、フィレンツェ

QUALITY IS REMEMBERED
LONG AFTER
PRICE IS FORGOTTEN

上：グッチを象徴するフラワーモチーフをプリントした作品が
展示されるグッチ ミュゼオの「フローラワールド」ギャラリー
前ページ上：レッドカーペットで着用された作品など、
グッチのイヴニングドレスが展示された「イヴニング」ギャラリー
前ページ下：グッチの歴史的モデルの数々を称えた「ハンドバッグ」ギャラリー

McDonald's
McDonald's

ニコラ・トラサルディ財団

Fondazione Nicola Trussardi

イタリアのブランド、トラサルディがその名を冠した財団をミラノに設立したのは1996年。当初、ニコラ・トラサルディ財団はアーティストに自社の職人との共同制作を依頼していた。だが2003年からは、パブリックスペースでの大規模な期間限定インスタレーションを中心とした活動を展開している。それは、「芸術は都市に新たなアイデンティティと世界的な注目をもたらし、思いがけない言葉や体験によって日常を豊かにすることを証明する」ためである。[19] 財団はこれまで著名な現代アーティストと幅広く手を携えてきた。たとえば、マウリツィオ・カテランのインスタレーション“Untitled《無題》”（2004年）では、3人の子どもがミラノの5月24日広場で木に吊される姿が描かれている。ファシズムというイタリアの負の歴史に暗に言及したこの作品は議論を呼んだ。ポーランド人作家、パヴェウ・アルトハメルのパブリックインスタレーション“Balloon《風船》”（2007年）では、膨らんだ巨大な「ヌード自画像」がミラノ・センピオーネ公園の空に浮かんでいた。スイス出身の作家ウルス・フィッシャーの“Bread House《パンの家》”（2004年）はパン、発泡体、木材でできた小さな山小屋を教会のなかに設置した作品だったが、数日間でインコのひなに食べられてしまった。エルムグリーン&ドラッグセットによる圧巻のインスタレーション“Short Cut《近道》”（2003年）では、ヴィットーリオ・エマヌエーレ2世ガレリアのアトリウムの中央で、白い「フィアットウーノ」に牽引されるトレーラーが有名なアーケードの床を突き抜けて沈んでいる。スイス人作家のペーター・フィッシュリとダヴィッド・ヴァイスの“Parts of a Film with Rat and Bear《ネズミとクマ》”（2008年）は、巨大なネズミとクマの被りものを着た作家自身が、由緒あるリッタ宮の広間をさまようという映像作品だ。

ニコラ・トラサルディ財団のこれまでのプロジェクトは、大判書籍『What Good is the Moon?: The Exhibitions of the Trussardi Foundation』として編纂され、2012年に発売された。2013年、財団のディレクターであるマッシミリアーノ・ジオーニが、ヴェネツィア・ビエンナーレのキュレーションを担当した。これは財団の芸術に対するビジョン、そして設立以来積み上げられた高い評価の表れでもある。

左：エルムグリーン&ドラッグセットによるミックスメディア“Short Cut（近道）”。
ミラノのヴィットーリオ・エマヌエーレ2世ガレリアに設置されたフィアットとトレーラー。
ニコラ・トラサルディ財団による制作委託、2003年
306-307ページ：ペーター・フィッシュリとダヴィッド・ヴァイスの“Rat and Bear Costumes（ネズミとクマの衣装）”。映像作品“Rat and Bear（ネズミとクマ）”の主役の衣装がアクリルケースのなかに展示されている。ミラノ・リッタ宮1981-2004年。
トラサルディ財団、ロンドンのテートモダン、チューリヒ美術館による共同企画・制作作品。

307 —
ニコラ・トラサルディ財団

注記

本書において『ヴォーグ』とは、別段の指定がない限りすべてアメリカ版『ヴォーグ』を意味する。ファッションシーズンは北半球の季節を示す。

イントロダクション：アートとの融合

1. *Mondo Uomo*に掲載されたアンディ・ウォーホルのインタビュー , 1984, モントリオール美術館「ジャンポール・ゴルチエのファッション・ワールド：ストリートからランウェイまで」展, 2011のプレス資料より。available at <http://www.mbam.qc.ca/jpg/en/>, accessed 15 April 2013.
2. Walter Benjamin, 'The work of art in the age of mechanical reproduction' in *Art in Theory: 1900-1990: An Anthology of Changing Ideas*, ed. Charles Harrison and Paul Wood, 1992, pp. 512-20, at p. 513.
3. José Teunissen, 'Fashion and Art' in *Fashion and Imagination: About Clothes and Art*, ed. Jan Brand, José Teunissen and Catelijne de Muijnck, 2010, pp. 10-25, at p. 19.

第1章 ― 境界を越えて：アートとしてのファッション

1. Diana Crane, 'Boundaries: Using Cultural Theory to Unravel the Complex Relationship between Fashion and Art', in *Fashion and Art*, ed. Adam Geczy and Vicki Karaminas, 2012, pp. 99-110, at p. 101.
2. Oscar Wilde, 'Phrases and philosophies for the use of the young', *Chameleon* 1 (December 1894), p. 1, repr. in Oscar Wilde, *Miscellanies*, ed. Robert Ross, 1908.
3. Karin Schacknat, 'Brilliant utopias and other realities', in *Fashion and Imagination: About Clothes and Art*, ed. Jan Brand, José Teunissen and Catelijne de Muijnck, 2010, pp. 314-29, at p. 315.
4. Valerie Steele, 'Fashion', in *Fashion and Art*, ed. Adam Geczy and Vicki Karaminas, 2012, pp. 13-27, at p. 20.
5. Schacknat, 'Brilliant utopias', p. 315.
6. Fiona Duncan, 'Martin Margiela's inside joke: Getting to the crux of MMM for H&M', *Bullett*, 14 November 2012, available at <http://bullettmedia.com/article/martin-margielas-inside-joke/>, accessed 15 April 2013.
7. *The Fashion*, Spring/Summer 2001, および*Women's Wear Daily*, 28 September 2000に掲載されたアレキサンダー・マックイーンのインタビュー記事。<http://blog.metmuseum.org/alexandermcqueen/tag/voss>より引用, accessed 15 April 2013.
8. Linda Yablonsky, 'Close encounters: The art-and-fashion cachet' (review of *Rodarte, Catherine Opie, Alec Soth*, 2011), *artnet.com*,19 September 2011, available at <http://www.artnct.com/magazineus/books/yablonsky/rodarte-catherine-opie-alec-soth-9-19-11.asp>, accessed 15 April 2013.
9. Deidre Crawford, 'Rodarte on art as inspiration for fashion',*California Apparel News.net*, 19 January 2012, available at <http://www.apparelnews.net/blog/2058_rodarte_on_art_as_inspiration_for_fashion.html>, accessed 15 April 2013.
10. 本項の引用部分はすべてエマ・プライスと著者との会話からの抜粋,14 January 2012.
11. 本項の引用部分はすべてジョナサン・ザワダと著者との会話からの抜粋, 17 August 2012.
12. 本項の引用部分はすべてスーザン・ディマーシと著者との会話からの抜粋, 20 April 2012.
13. 'Viktor & Rolf: "There's very little regal glamour"', *The Talks*, 26 October 2011, available at <http://the-talks.com/interviews/ viktor-rolf/>, accessed 15 April 2013.

第2章 ― アートとファッションの邂逅：コラボレーション

1. Yves Carcelle quoted in Kate Betts, 'Art lessons', *Time*, 11 October 2007, available at <http://www.time.com/time/magazine/article/0,9171,1670494,00.html>, accessed 15 April 2013.
2. 本項の引用部分はすべて展覧会事務局より著者に提供されたプレス資料からの抜粋
3. 本項の引用部分はすべてクリスチャン・ディオールより著者に提供されたプレス資料からの抜粋
4. 本項の引用部分はすべてグラエム・フィドラー、マイケル・ヘルツと著者との会話からの抜粋, 29 May 2012.
5. Olivier Saillard, *Louis Vuitton: Art, Fashion and Architecture*, 2009, p. 71.
6. 同上
7. Marc Jacobs, quoted in Christopher Bagley, 'Marc Jacobs', *W*, November 2007, available at <http://www.wmagazine.com/artdesign/2007/11/marc_jacobs>, accessed 15 April 2013.
8. 同上
9. Tim Roeloffs, quoted in 'Tim Roeloffs collaboration', *Wallpaper**,26 February 2008, available at <http://www.wallpaper.com/fashion/tim-roeloffs-collaboration/2115>, accessed 15 April 2013.
10. 同上
11. 本項の引用部分はすべてプリングル・オブ・スコットランドより著者に提供されたプレス資料からの抜粋
12. 本項の引用部分はすべてナタリー・ウッドと著者との会話からの抜粋, 18 July 2012.
13. 本項の引用部分はすべてコーチより著者に提供されたプレス資料からの抜粋
14. エルヴィン・ヴルムとVitra Design Museumキュレーターの Mathias Schwartz-Claussとの会話より。available at <http://www.design-museum.de/en/information/texts-of-the-vdm/detailseiten/erwin-wurm.html>, accessed 15 April 2013.

第3章 ― 美と知の競演：展示としてのファッション

1. James Laver, *Modesty in Fashion: An Inquiry Into the Fundamentals of Fashion*, 1969, p. 9.
2. Judith Clark, 'Looking at looking at dress', in *Fashion and Imagination: About Clothes and Art*, ed. Jan Brand, José Teunissen and Catelijne de Muijnck, 2010, pp. 184-90, at p. 185.
3. 'Prada: Nicholas Cullinan and Francesco Vezzoli in conversation', *Kaleidoscope*, Issue 13, 2012, available at <http://kaleidoscope-press.com/issue-contents/prada-nicholas-cullinan-and-francesco-vezzoli-in-conversation/>, accessed 15 April 2013.
4. ジョナサン・ジョーンズと著者との会話からの抜粋, 11 March 2011.

5. ティエリー=マキシム・ロリオットと著者との会話からの抜粋, 24 July 2012.
6. 同上
7. 同上

第4章 ― ビジュアル撮影の超越：新たなファッションメディア

1. Jens Grede and Erik Torstensson, opening manifesto of founding issue of *Industrie*, 2010, p. 12.
2. Jefferson Hack, *Another Fashion Book*, 2009, p. 3.
3. Ella Alexander, 'Snowdon Blue', *Vogue*（UK）, 2 May 2012, available at <http://www.vogue.co.uk/news/2012/05/03/acne-and-lord-snowdon-launch-snowdon-blue-book-and-exhibition>, accessed 15 April 2013.
4. Jochen Siemens, *Inez van Lamsweerde & Vinoodh Matadin*, 2009, p. 6.
5. Steven Heyman, 'Photographers without Borders', *T Magazine, New York Times*, 28 December 2011, available at <http://tmagazine.blogs.nytimes.com/2011/12/28/photographers-without-borders/>, accessed 15 April 2013.
6. 同上
7. Cathy Horyn, 'When is a fashion ad not a fashion ad', *New York Times*, 10 April 2008, available at <http://www.nytimes.com/2008/04/10/fashion/10TELLER.html?pagewanted=all&_r=0>, accessed 15 April 2013.
8. 本項の引用部分はすべてリズ・ハムと著者との会話からの抜粋, 22 December 2011.
9. Tamara Abraham, 'Christian Dior slammed over "racist" images designed for Shanghai store launch', *Daily Mail Online*, 6 September 2006, available at <http://www.dailymail.co.uk/femail/article-1309512/Christian-Dior-slammed-racist-images-designed-Shanghai-store-launch.html>, accessed 15 April 2013.
10. 本項の引用部分はすべてデボラ・ターバヴィルと著者との会話からの抜粋, 26 June 2011.

第5章 ― ブティックからギャラリーへ：ファッション×アート×建築

1. Bradley Quinn, The Fashion of Architecture', in *Fashion and Imagination: About Clothes and Art*, ed. Jan Brand, José Teunissen and Catelijne de Muijnck, 201, pp. 260-75, at p. 261.
2. Taro Igarashi, *Louis Vuitton: Art, Fashion & Architecture*, 2009, p. 14.
3. James B. Twitchell, *Branded Nation: The Marketing of Megachurch, College Inc., and Museumworld*, 2004, p. 203.
4. Gilles Lipovetsky and Veronica Manlow, 'The "artialization" of luxury stores', in *Fashion and Imagination: About Clothes and Art*, ed. Jan Brand, José Teunissen and Catelijne de Muijnck, 2010, pp. 124-67, at p. 155.
5. 同上
6. Twitchell, *Branded Nation*, p. 226.
7. 同上, pp. 225-26.
8. Andy Warhol quoted in *Twitchell, Branded Nation*, p. 227.
9. デジレー・ハイス、イネス・カーグとミッチェル・オークリー・スミスとの会話より, 27 March 2012.
10. 'BLESS Shop #03' on Bless company website, available at <http://www.bless-service.de/BLESS/BLESS_Shops/Eintrage/2000/7/5_BLESS_Shop_034th_Werkleitz_Biennale,_ Werkleitz,_Germany.html>, accessed 15 April 2013.
11. Mohsen Mostafavi, *Louis Vuitton: Architecture & Interiors*, 2011, Foreword, p. 8.
12. 同上
13. 本項の引用部分はすべてルイ・ヴィトンより著者に提供されたプレス資料からの抜粋
14. Germano Celant quoted in the monograph Prada, 2009, p. 455, no named author.
15. 本項の引用部分はすべてセルフリッジズより著者に提供されたプレス資料からの抜粋
16. エルメス財団のプレスリリースより。available at <http://www.e-flux.com/announcements/h-box-a-nomadic-video-art-screening-room/>, accessed 15 April 2013.
17. 本項の引用部分はすべてゼニア アートより著者に提供されたプレス資料からの抜粋
18. Karl Lagerfeld press conference quoted in 'Power couples: day 10', *Wallpaper**, 23 September 2006, available at <http://www.wallpaper.com/fashion/power-couples-day-10/1092>, accessed 15 April 2013.
19. 本項の引用部分はすべてニコラ・トラサルディ財団より著者に提供されたプレス資料からの抜粋

参考文献

アートとファッションに関する文献：

Arts, Jos, et al., *Fashion and Imagination: About Clothes and Art,* ed. Jan Brand, José Teunissen and Catelijne de Muijnck (2010).

Barthes, Roland, *The Fashion System* (1992).

Benjamin, Walter, 'The work of art in the age of mechanical reproduction', in *Art in Theory: 1900–1990, An Anthology of Changing Ideas,* ed. Charles Harrison and Paul Wood (1992), pp. 512-520.

Blackman, Cally, *100 Years of Fashion* (2012).

Craik, Jennifer, *The Face of Fashion: Cultural Studies in Fashion* (1993).

English, Bonnie, *A Cultural History of Fashion in the 20th Century* (2007).

Geczy, Adam, and Vicki Karaminas, eds, *Fashion and Art* (2012).

Hack, Jefferson, *Another Fashion Book* (2010).

Laver, James, *Modesty in Fashion: An Inquiry Into the Fundamentals of Fashion* (1969).

Lutgens, Annelie, Richard Martin and Hans Nefkens, *Art and Fashion: Between Skin and Clothing* (2011).

Mackrell, Alice, *Art and Fashion: The Impact on Fashion and Fashion on Art* (2005).

Menkes, Suzy, and Valerie Steele, *Fashion Designers, A–Z* (2013).

Oakley Smith, Mitchell, *Fashion: Australian and New Zealand Designers* (2010).

Quinn, Bradley, *The Fashion of Architecture* (2003).

Steele, Valerie, *The Berg Companion to Fashion* (2010).

Stern, Radu, *Against Fashion: Clothing As Art, 1850–1930* (2005).

Twitchell, James B., 'Museumworld, Inc.', in *Branded Nation: The Marketing of Megachurch, College Inc., and Museumworld* (2004), pp. 223–27.

作品集および展覧会図録：

Armstrong-Jones, Anthony (Lord Snowdon), Thomas Persson and Frances von Hofmannsthal, *Snowdon Blue* (2012).

Barnbrook, Jonathan, and Edward Booth-Clibborn, *Fashion and Art Collusion* (2012).

Bolton, Andrew, and Harold Koda, *Alexander McQueen: Savage Beauty* (2011).

Bolton, Andrew, and Andrew Koda, *Schiaparelli and Prada: Impossible Conversations* (2012).

Burton, Johanna, and Eva Respini, *Cindy Sherman* (2012).

Castets, Simon, et al., *Louis Vuitton: Art, Fashion and Architecture* (2009).

Chalayan, Hussein, *Hussein Chalayan* (2011).

Debo, Kaat, and Bob Verhelst, *Maison Martin Margiela: 20: The Exhibition* (2008).

Edelmann, Frederic, and Ian Luna, *Louis Vuitton: Architecture and Interiors* (2011).

Evans, Caroline, and Susannah Frankel, *The House of Viktor and Rolf* (2008).

Giannini, Frida, *Gucci – The Making Of* (2011).

Golbin, Pamela, *Louis Vuitton/Marc Jacobs* (2012).

Guinness, Daphne, and Valerie Steele, *Daphne Guinness* (2011).

Hasegawa, Yuko, *Hussein Chalayan: From Fashion and Back* (2010).

Heilman, Hannah, *Vibskov and Emenius: The Fringe Projects* (2009).

Loriot, Thierry-Maxime, *The Fashion World of Jean Paul Gaultier* (2011).

Miyake, Issey, *Pleats Please* (2012).

Mulleavy, Kate and Laura, Catherine Opie and Alec Soth, *Rodarte, Catherine Opie, Alec Soth* (2011).

Prada, Miuccia, and Patrizio Bertelli, *Prada* (2009).

Siemens, Jochen, *Inez van Lamsweerde & Vinoodh Matadin* (2009).

Teller, Juergen, *Marc Jacobs Advertising 1998–2009* (2009).

Turbeville, Deborah, *Deborah Turbeville: The Fashion Pictures* (2011).

Van Beirendonck, Walter, and Christian Lacroix, *Walter Van Beirendonck: Dream the World Awake* (2012).

Wilson, Mark, and Sue-an van der Zijpp, *Bernhard Willhelm and Jutta Kraus* (2010).

写真クレジット

略字 a=上; b=下; c=中央; l=左; r=右

2 Courtesy Studio Erwin Wurm; 4–5 Quentin Shih, *Hong Kong Moment* (no. 2, a project with Christian Dior), 2010, digital chromogenic print, 111.8 × 182.9 cm (44 × 72 in.), edition of 8; 9 Chad Buchanan/Getty Images; 10 Lord Snowdon, courtesy Acne Studios; 12a Quentin Shih, *Hong Kong Moment* (no. 8, a project with Christian Dior), 2010, digital chromogenic print, 111.8 × 182.9 cm (44 × 72 in.), edition of 8; 12b Copyright Azzedine Alaïa, photography Robert Kot/Groninger Museum; 13 Juergen Teller; 15 Courtesy Britain Creates, photo Matthew Hollow; 16 Peter Stigter; 17a Courtesy Studio Erwin Wurm; 17b Olaf Breuning; 19 Victor Boyko/Getty Images; 20 Courtesy Selfridges; 21a Geoff Ang; 21b Laurie Sermos, courtesy Prada; 23 Juergen Teller; 24 Lyn Balzer and Anthony Perkins; 26 Copyright Azzedine Alaïa, photo Robert Kot/Groninger Museum; 27a Lucas Dawson; 27b Alistair Wiper; 28 Amy Sussman/Getty Images; 31 François Guillot/AFP; 32–33 Karl Prouse/Catwalking; 34, 36–37, 38–39 Lucas Dawson; 41 Pierre Verdy/AFP; 42 Karl Prouse/Catwalking; 44, 45, 46–47 Marten de Leeuw/Groninger Museum; 49 Dominique Charriau/WireImage; 50–51 The Washington Post; 52, 53, 54, 55 Copyright Azzedine Alaïa, photo Robert Kot/Groninger Museum; 57 Heathcliff O'Malley/Catwalking; 58–59 Chris Moore/Catwalking; 60, 61, 62–63 Ronald Stoops; 64, 65, 66, 67 Jordan Graham; 69, 70–71 Elisabet Davids; 72–73 Uli Holz; 74 François Guillot/AFP; 77, 78, 79 Lyn Balzer and Anthony Perkins; 80a, b, 81 Adrian Mesko; 82 Alistair Wiper; 83 Shoji Fujii; 84–85 Alistair Wiper; 87, 88, 89 3Deep; 90, 92, 93 Peter Stigter; 94 Bec Parsons; 96 Courtesy Marni; 97 Olaf Breuning; 99 Courtesy Louis Vuitton; 100 Christophe Simon/AFP; 101a Courtesy Acne Studios; 101b Courtesy Christian Dior; 102–3 Courtesy Britain Creates, photo Gautier Deblonde; 105 Courtesy Britain Creates, photo Stephen White; 106–7 Steven Meisel, courtesy Prada; 108, 109, 110–11 Courtesy Acne Studios; 112, 113 Courtesy Christian Dior; 114–15 Olaf Breuning; 116, 117 Courtesy Bally; 118, 119 Courtesy Stella McCartney; 120 Copyright Tracey Emin, courtesy Longchamp; 122, 123 Stephane Muratet, courtesy Louis Vuitton; 124 Chris Moore/Catwalking; 126 Courtesy Louis Vuitton; 127 Angelo Pennetta; 128 Philippe Jumin; 131 Giuseppe Cacace/AFP; 132a, b, 134–35 Copyright Liam Gillick, courtesy Pringle of Scotland; 136, 137 Bec Parsons; 138a, b, 139 Six 6 Photography; 140–41 Copyright James Nares, courtesy Coach; 142, 143 Copyright Hugo Guinness, courtesy Coach; 144, 145, 146, 147 Courtesy Marni; 149, 150, 151 Courtesy Studio Erwin Wurm; 152 Sergio Pirrone, courtesy Prada; 154a Jerry Pigeon/Montreal Museum of Fine Arts; 154b Luc Boegly/Les Arts Décoratifs; 155 Copyright The Museum Metropolitan of Art, New York; 157 Marten de Leeuw/Groninger Museum; 158a Jerry Pigeon/Montreal Museum of Fine Arts; 158b Hyo Seok Kim; 159 Courtesy Calvin Klein Inc; 160–61, 162, 164–65 Copyright The Museum Metropolitan of Art; 166–67 Sergio Pirrone, courtesy Prada; 168, 169al, ar, b Luke Hayes/London Design Museum; 170–71, 172–73 Marten de Leeuw/Groninger Museum; 174, 176–77 Copyright The Museum at FIT; 179 Helen Oliver-Skuse; 180–81 Christian Markel; 182–83,184 Courtesy Calvin Klein Inc; 185a, b Hyo Seok Kim; 186–87, 188–89, 190, 193, 194–95 Luc Boegly/Les Arts Décoratifs; 196 James Evans, courtesy Studio Elmgreen & Dragset; 198, 200, 201 Jerry Pigeon/Montreal Museum of Fine Arts; 202 Juergen Teller; 204 Cindy Sherman, *Untitled*, 2007/2008, colour photograph, frame 156.5 × 124.8 cm (61.625 × 49.125 in.), image 154.3 × 122.6 cm (60.75 × 48.25 in.), edition of 6, courtesy of the artist and Metro Pictures, New York; 205 Geoff Ang; 207 Quentin Shih, *A Chinese Woman with a Lady Dior Handbag* (a project with Christian Dior), 2011, digital chromogenic print, 111.8 × 111.8 cm (44 × 44 in.), edition of 8; 208, 209 Juergen Teller; 210–11 Bill Owens, courtesy *A Magazine Curated By Rodarte*; 214–15 Erik Madigan Heck, courtesy *A Magazine Curated By Giambattista Valli;* 216al, ar, c, b, 217 Original photographs Lord Snowdon, published in *Snowdon Blue*, images courtesy Acne Studios; 219, 220–21 Daniel Askill, film stills from *Concrete Island*, 2010; 222–23 Inez van Lamsweerde and Vinoodh Matadin; 224, 226, 227 Juergen Teller; 228al, ar, b Liz Ham; 231 Cindy Sherman, *Untitled*, 2008, colour photograph, frame 198.8 × 150.2 cm (78.25 × 59.125 in.), image 196.5 × 148 cm (77.375 × 58.25 in.), edition of 6, courtesy of the artist and Metro Pictures, New York; 232–33 Cindy Sherman, *Untitled*, 2010/2012, colour photograph, image 203.2 × 356.2 cm (80 × 140 1/4 in.), frame 205.6 × 357.3 cm (80 15/16 × 140 11/16 in.), edition of 6, courtesy of the artist and Metro Pictures, New York; 234–35 Cindy Sherman, *Untitled*, 2010/2011, colour photograph, frame 206.2 × 351.3 cm (81 3/16 × 138 5/16 in.), image 202.6 × 347.7 cm (79 3/4 × 136 7/8 in.), edition of 6, courtesy of the artist and Metro Pictures, New York; 236a Quentin Shih, *Shanghai Dreamers* (no. 6; a project with Christian Dior), 2010, digital chromogenic print, 111.8 × 111.8 cm (44 × 44 in.), edition of 8 and 152.4 × 152.4 cm (60 × 60 in.), edition of 5; 236b Quentin Shih, *Shanghai Dreamers* (no. 7; a project with Christian Dior), 2010, digital chromogenic print, 111.8 × 111.8 cm (44 × 44 in.), edition of 8 and 152.4 × 152.4 cm (60 × 60 in.), edition of 5; 237 Quentin Shih, *Shanghai Dreamers* (no. 2; a project with Christian Dior), 2010, digital chromogenic print, (111.8 × 111.8 cm) 44 × 44 in., edition of 8 and 152.4 × 152.4 cm (60 × 60 in.), edition of 5; 238–39 Quentin Shih, *The Stranger in the Glass Box* (no. 17; a project with Christian Dior), 2008, digital chromogenic print, 111.8 × 190.5 cm (44 × 75 in.), edition of 8; 240–41 Quentin Shih, *Hong Kong Moment* (no. 1, a project with Christian Dior), 2010, digital chromogenic print, 111.8 × 182.9 cm (44 × 72 in.), edition of 8; 242, 243 David Armstrong, courtesy Scanlan & Theodore; 244–45 Deborah Turbeville; 246 Courtesy and copyright Ermenegildo Zegna and Lucy + Jorge Orta; 248a Courtesy Peter Fischli/David Weiss and Matthew Marks Gallery, New York, photo Roberto Marossi; 248b Courtesy Selfridges; 249 Courtesy Gucci; 250 Tom Sibley; 252 Courtesy Antonino Cardillo; 253a Alex Rodriguez, courtesy Prada; 253b Courtesy and copyright Ermenegildo Zegna and Lucy + Jorge Orta; 254–55, 256, 257 Courtesy Antonino Cardillo; 258 Peter Stigter; 259, 260–61 Ludger Paffrath; 263, 264–65 Stéphane Muratet; 266 Courtesy Louis Vuitton; 269 Gaye Gerard/Getty Images; 270 Universal Images Group; 271 Frederic Souloy; 272 Franco Rossi, courtesy Prada; 273 Floto & Warner, courtesy Prada; 274–75 Franco Rossi, courtesy Prada; 276al, ar, b Nacasa & Partners, courtesy Prada; 277al, ar, b OMA/AMO, courtesy Prada; 278–79 Courtesy Prada; 280, 281 Nacasa & Partners, courtesy Prada; 282, 283, 284, 285 Tom Sibley; 286, 287, 288–89, 290, 291 Courtesy Selfridges; 292–93 An exhibition of the Fondation d'entreprise Hermès presented at Third Floor, Singapore, image courtesy and copyright Shinji Ohmaki; 294, 295a, b, 296–97 Courtesy and copyright Ermenegildo Zegna and Lucy + Jorge Orta; 298–99 Andrew H. Walker/Getty Images; 300–1, 302a, b Courtesy Gucci; 303 Richard Bryant, courtesy Gucci; 304–305 Michael Elmgreen & Ingar Dragset, *Short Cut*, 2003, mixed media, Fiat Uno, camper trailer, 250 × 850 × 300 cm (98 7/16 × 334 10/16 × 118 1/8 in.), installation view at Ottagono, Galleria Vittorio Emanuele, Milano, commissioned and produced by Fondazione Nicola Trussardi, image courtesy Michael Elmgreen & Ingar Dragset and Galleria Massimo De Carlo, Milan, photo Ian Cumming; 306, 307 Peter Fischli/David Weiss, *Rat and Bear Costumes*, 1981–2004, costumes of the protagonists of the *Rat and Bear* films in Perspex cases, each 280 × 80 × 100 cm (110 1/4 × 31 1/2 × 39 3/8 in.), installation view at Palazzo Litta, Milano, produced and organized by Fondazione Nicola Trussardi in collaboration with Tate Modern, London, and Kunsthaus Zürich, image courtesy the artists and Matthew Marks Gallery, New York, photo
Roberto Marossi.

索引

*イタリック*のページは写真を示す。**太字**はアーティスト、デザイナー、企業あるいはプロジェクトの特集ページを指す。ファッションデザイナーの個人名は姓を先に（例：クライン, カルバン）、会社名およびブランド名は先頭文字で五十音順に配列する。

あ

か

さ

た

ま

著者略歴

ミッチェル・オークリー・スミス（Mitchell Oakley Smith）

フリーランスの著述家で編集者。オーストラリア版『GQ』および『GQ Style』のシニアエディターを務め、『Architectural Digest』、『Art Monthly』、『Belle』、『Harper's Bazaar』、『Monument』、『The Australian』、『Wish』、『Vogue Living』にも寄稿。現在はメンズファッション季刊誌『Manuscript』の編集・出版を手がける。そのほか、ヴィクトリア国立美術館「ManStyle」展（2011）に参加。また、オーストラリア・テキスタイル・インスティチュート主催の学生デザイン賞審査員も務める。著書に『Australian & New Zealand Designers』（2010）、『Interiors: Australia & New Zealand』（2011）（ともにThames & Hudson社）。

アリソン・クーブラー（Alison Kubler）

フリーランスのキュレーターで著述家。オーストラリア、クイーンズランド大学で美術史学士号、英国マンチェスター大学院で戦後および現代美術史修士号取得。オーストラリアの美術館とギャラリーで20年近くキュレーターを務め、主要な美術機関誌やアート雑誌に寄稿する。現在はクイーンズランド大学美術館のアソシエイト・キュレーター。担当したプロジェクトに、「Polly Borland: Everything I want to be when I grow up」（2012）、「The 2011 National Artists Self Portrait Prize」、「the more you ignore me, the closer I get」（2009）、「Neo Goth: Back In Black」（2008）などがある。そのほか、「Our Place in the Pacific: Recent Work by Adam Cullen」、ベルリン・オーストラリア大使館の「Moving Cities」（2000）、ミラノ・現代アートスペース、ヴィアファリーニおよびケア・オブで開催された「Quiet Collision: Current Practice/Australian Style」を手がける。またオーストラリアの上院議員、ジョージ・ブランディス元芸術・スポーツ大臣の芸術顧問も務めた。アリソンはmc/kアートコンサルティングの共同ディレクターとしてパブリックアート委託プロジェクト、キュレーションプロジェクト、出版事業に携わり、さらにブリスベン博物館の理事も務める。夫はアーティストのマイケル・ザヴロス。子どもはフィービー、オリンピア、レオの３人。

ガイアブックスは
地球《ガイア》の自然環境を守ると同時に
心と身体の自然を保つべく
“ナチュラルライフ”を提唱していきます。

Cover: Romance Was Born, 'Berserkergang' collection, Spring/Summer 2013, by Lucas Dawson

First published in the United Kingdom in 2013 by Thames & Hudson Ltd, 181A High Holborn, London WC1V 7QX

Designed by Bianca Wendt Studio

著者：
ミッチェル・オークリー・スミス (Mitchell Oakley Smith)
アリソン・クーブラー (Alison Kubler)
※プロフィールはp.319を参照。

翻訳者：
武田 裕子（たけだ ひろこ）
名古屋大学文学部英語学科およびニューヨーク州立ファッション工科大学卒業。プラダジャパン（株）他でマーチャンダイザーとして勤務した後フリーランス翻訳者となり、現在はファッション・美容・建築分野の翻訳を手掛ける。訳書に、『VOGUE ON エルザ・スキャパレリ』『LIBERTYファブリックのクラフトづくり』『シューズA-Z』（いずれもガイアブックス）ほか。

ART/FASHION in the 21st CENTURY
アート／ファッションの芸術家たち

発　　行　2015年10月1日
発 行 者　吉田 初音
発 行 所　株式会社**ガイアブックス**
〒107-0052 東京都港区赤坂 1-1-16 細川ビル
TEL.03 (3585) 2214　FAX.03 (3585) 1090
http://www.gaiajapan.co.jp

ISBN978-4-88282-932-4 C0077

Printed in China